INTRODUÇÃO AO DELINEAMENTO DE EXPERIMENTOS

Blucher

ÁLVARO J. A. CALEGARE

INTRODUÇÃO AO DELINEAMENTO DE EXPERIMENTOS

Introdução ao delineamento de experimentos

2ª edição - 2009
2ª reimpressão - 2015
Editora Edgard Blücher Ltda.

Blucher

Rua Pedroso Alvarenga, 1245, 4º andar
04531-012 - São Paulo - SP - Brasil
Tel 55 11 3078-5366
contato@blucher.com.br
www.blucher.com.br

FICHA CATALOGRÁFICA

Calegare, Álvaro José de Almeida
Introdução ao delineamento de experimentos / Álvaro José de Almeida Calegare. - 2. ed. revista e atualizada - São Paulo: Blucher, 2009.

Bibliografia.
ISBN 978-85-212-0471-8

1. Controle de qualidade - Métodos estatísticos 2. Delineamento experimental 3. Planejamento experimental - Modelos matemáticos 4. Estatística I. Título.

08-08468 CDD-519.5

Índices para catálogo sistemático:
1. Delineamento de experimentos: Estatística 519.5
2. Delineamento experimental: Estatística 519.5

Dedico este livro à minha querida esposa e companheira
Adriana Alícia, agradecendo pelo seu apoio e compreensão
e pedindo perdão pelos tantos momentos em que
estive ausente para poder escrevê-lo.

PREFÁCIO DA 2ª EDIÇÃO

Nesta edição, houve uma revisão geral do livro, com a introdução de explicações e exemplos elucidativos nas partes em que meus alunos de cursos passados tiveram maior dificuldade para entender. Foram também corrigidos alguns enganos e falhas que, infelizmente, passaram despercebidos na edição anterior.

Agradeço aos meus colegas professores Drs. Gilberto Francisco Martha de Souza e Alceu Salles Camargo Jr. pela análise crítica e pelos comentários construtivos e sugestões que deram para aprimoramento do livro, bem como pelo apoio teórico ao desenvolvimento de alguns pontos tratados.

São Paulo, Outubro de 2008

O autor

E-mail: interqual@uol.com.br

PREFÁCIO DA 1ª EDIÇÃO

Há cerca de quatro anos, fui convidado a ministrar um curso sobre delineamento de experimentos para as turmas de especialização em Engenharia da Qualidade do PECE – Programa de Educação Continuada em Engenharia da Escola Politécnica da USP.

Já era professor de outros assuntos no PECE e recebi o convite como um novo desafio profissional, já que o assunto tem certa complexidade e o seu entendimento nem sempre é imediato, requerendo estudo e meditação.

Procurei algum livro que pudesse ser adotado no curso e não encontrei nenhum de nível introdutório. As referências bibliográficas que consultei eram ótimas e completas, porém difíceis de serem compreendidas pelos alunos que nunca tivessem tido contato com o assunto. Decidi, então, escrever uma apostila para iniciantes, que pudesse dar uma primeira idéia sobre o tema, apresentando alguns dos tipos de delineamento de experimentos mais usados e dando as bases para que, depois, o leitor pudesse voar mais alto e passar para livros mais profundos.

A apostila foi adotada nos vários cursos em que lecionei e foi sendo revista e ampliada em várias oportunidades. Hoje ela está sendo transformada em livro, sem perder o caráter de simplicidade e de introdução ao assunto. Seguramente muitos outros aspectos poderiam ser acrescentados e vários tópicos, estudados com maior profundidade. Resisti à tentação e preferi não fazê-lo para não tornar esta obra mais complexa e de difícil entendimento. Espero ter alcançado meu objetivo. Julguem-me os leitores.

São Paulo, novembro de 2000

O autor

CONTEÚDO

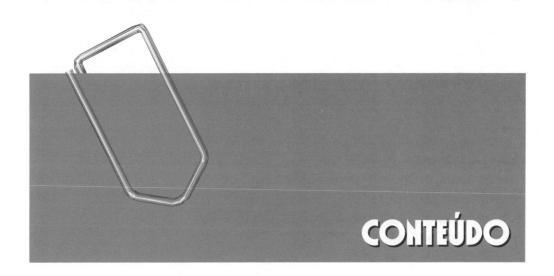

1 REVISÃO SOBRE TESTES DE HIPÓTESES PARAMÉTRICOS

1.1 COMENTÁRIOS INICIAIS

Em certas ocasiões, os parâmetros de uma população não são conhecidos e devemos tomar uma decisão baseada em valores obtidos numa amostra retirada dessa população.

No início, admitimos um valor hipotético para o parâmetro da população no qual estamos interessados e, após a retirada de uma amostra, levantamos as necessárias informações dessa amostra para aceitarmos ou não o valor hipotético inicial.

HIPÓTESES INICIAIS

No princípio, temos duas hipóteses:

H_0: **HIPÓTESE NULA** — É a hipótese que está sendo testada.
Admite-se que a diferença entre o valor obtido na amostra (estimador) e o parâmetro da população não é significativa, por ser unicamente devida ao acaso.

H_1: **HIPÓTESE ALTERNATIVA** — É qualquer hipótese diferente da hipótese nula.
Neste caso é significativa a diferença entre o estimador amostral e o parâmetro populacional, existindo razões além do acaso para explicar essa diferença.

O quadro e a tabela a seguir mostram os tipos de erro e as situações que podem ocorrer num teste de hipóteses.

TIPOS DE ERRO

Quando realizamos um teste de hipóteses, podemos cometer 2 tipos de erro:

Erro tipo I (1.ª espécie)

É o erro que cometemos quando rejeitamos uma hipótese que é verdadeira. Sua probabilidade, simbolizada por α, é definida pelo nível de significância exigida no teste.

Erro tipo II (2.ª espécie)

É o erro que cometemos quando aceitamos como verdadeira uma hipótese que é falsa. Sua probabilidade é simbolizada por β.

Tabela 1.1 Situações que podem ocorrer num teste de hipóteses

Realidade	Decisão	
	Aceitar H_0	**Rejeitar H_0**
H_0 verdadeira	Decisão correta $P = 1 - \alpha$	Decisão incorreta Erro tipo I: $P = \alpha$
H_0 falsa	Decisão incorreta Erro tipo II: $P = \beta$	Decisão correta $P = 1 - \beta$

Nota: P = probabilidade

Exemplo 1:

Uma certa empresa produz alimentos embalados em pacotes de 1.000 g, com desvio-padrão de 28 g, havendo comprovação de que o processo está sob controle. Um supermercado, cliente dessa empresa, estabeleceu um plano de amostragem, com amostras de 16 elementos e a decisão de aprovar o lote quando a média da amostra fosse igual ou superior a 986 g. Além disso, indicou que não estaria preocupado se os pacotes tivessem mais de 1.000 g, porque isto lhe seria favorável.

Qual é o erro tipo I que a compradora está aceitando?

Solução:

$$H_0: \mu = 1.000\ g$$

$$H_1: \mu < 1.000\ g$$

Neste caso, H_0 é verdadeira (μ = 1.000 g) e o comprador não está preocupado se a média for superior a 1.000 g.

Pelo Teorema do Limite Central, temos os seguintes parâmetros para as amostras em questão:

$$E(\bar{X}) = 1.000\ g$$

$$\sigma_{\bar{X}}^2 = \frac{\sigma^2}{n} = \frac{28^2}{16}$$

$$\therefore \sigma_{\bar{X}} = \frac{28}{\sqrt{16}} = \frac{28}{4} = 7\ g$$

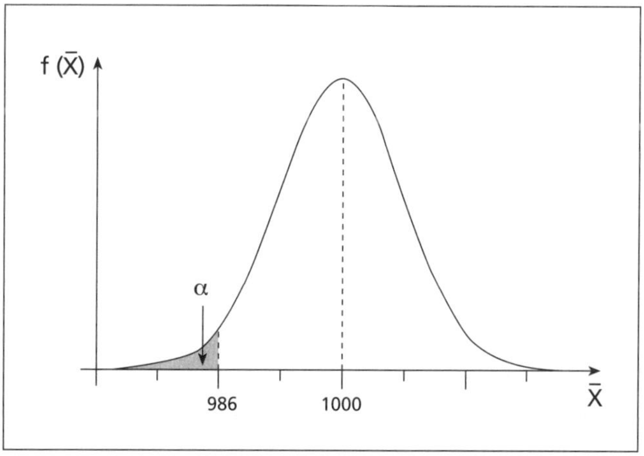

$$Z = \frac{\bar{X} - \mu}{\sigma_{\bar{X}}}$$

$$Z = \frac{986 - 1.000}{7} = -\frac{14}{7} = -2{,}0$$

Na tabela da Normal, obtém-se: Área: 0,4772

$$\therefore P(\bar{X} < 986) = 0{,}5 - 0{,}4772 = 0{,}0228$$

Logo, $\alpha = 2{,}28\%$

Como conclusão, mesmo sendo a hipótese H_0 verdadeira, existe uma probabilidade de 2,28% de rejeitarmos amostras que provenham de lotes satisfatórios, por causa do plano de amostragem estabelecido pelo comprador.

REGIÕES DE ACEITAÇÃO E DE REJEIÇÃO

REGIÃO DE ACEITAÇÃO:

É o intervalo em que aceitamos como verdadeira a hipótese nula.

REGIÃO CRÍTICA OU DE REJEIÇÃO:

É o intervalo em que rejeitamos a hipótese nula.

No exemplo anterior, temos:

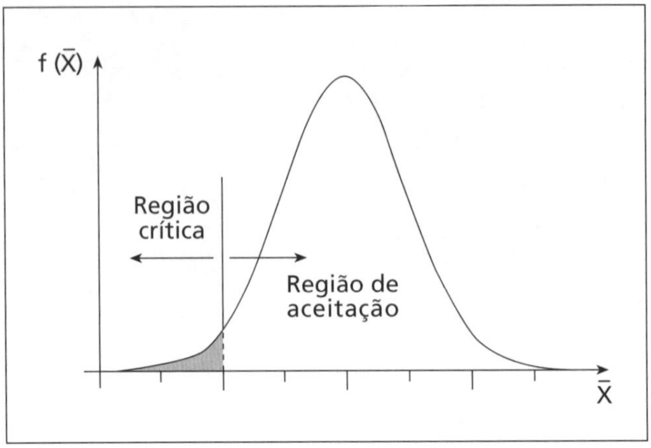

Região de aceitação: $\bar{X} \geq 986\ g$

Região crítica: $\bar{X} < 986\ g$

Neste exemplo, foi fixada a região de aceitação e o erro tipo I foi uma decorrência.

Em geral, na prática, o erro α é fixado e as regiões de aceitação e crítica são decorrentes.

Normalmente, usam-se os valores para o nível de significância dados na tabela a seguir.

Tabela 1.2 Valores usuais de α

α = 1%	Teste altamente significativo
α = 5%	Teste provavelmente significativo
α = 10%	Teste empiricamente significativo

Exemplo 2:

Qual seria a região crítica, no caso do exemplo 1, se α fosse fixado em 1%?

Solução:

Neste caso: $\alpha = 1\%$

$\therefore$ Área = 0,5 - 0,01 = 0,49

Na tabela da Normal, obtém-se:

Z = - 2,326

$$\therefore -2{,}326 = \frac{\bar{X}_c - 1.000}{7} \qquad \therefore \bar{X}_c = 983{,}72$$

∴ A região crítica é, portanto:

$\bar{X} < 983{,}72\ g$

Exemplo 3:

Qual seria a região crítica, no caso do exemplo 1, para $\alpha = 5\%$?

Solução:

$\alpha = 5\%$

$\therefore$ Área = 0,5 - 0,05 = 0,45

Na tabela da Normal, obtém-se: Z = -1,645

$$\therefore -1{,}645 = \frac{\bar{X}_c - 1.000}{7} \qquad \therefore \bar{X}_c = 988{,}49$$

Região crítica:

$\bar{X} < 988{,}49\ g$

Podemos observar, então, a seguinte situação:

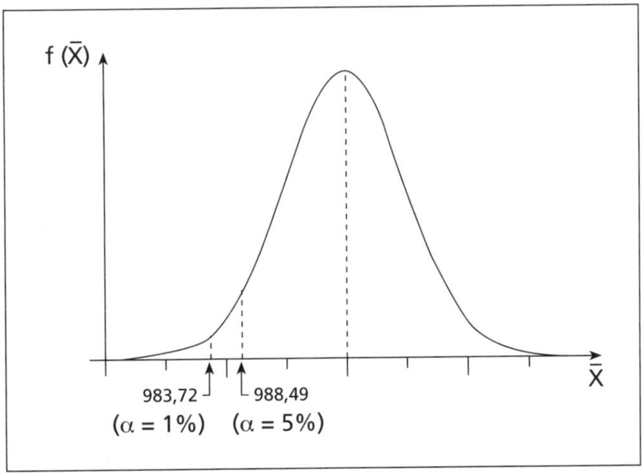

- Se o valor $\bar{X}$ da amostra fosse inferior a 983,72, H_O seria rejeitada para $\alpha = 1\%$ (e automaticamente, para $\alpha = 5\%$)
- Se o valor $\bar{X}$ da amostra fosse superior a 988,49, H_O seria aceita para $\alpha = 5\%$ (e automaticamente, para $\alpha = 1\%$)

- Para valores de $\bar{X}$ entre 983,72 e 988,49, H_O seria rejeitada para α = 5%, porém seria aceita para α = 1%.

O que acontece é que, quanto menor o nível de significância α, maior é o intervalo de aceitação de H_O, pois queremos ter mais certeza de que não estamos tomando uma decisão errada. Logo, ampliamos a região de aceitação, para diminuirmos a possibilidade de uma decisão incorreta de rejeitar H_0.

Por outro lado, com maior α, estaremos aumentando a probabilidade de rejeição de H_0, quando esta hipótese for verdadeira.

O valor crítico ($\bar{X}_c$), que limita a região crítica, varia em função do nível de significância (α) e do número de elementos da amostra (n).

Vamos imaginar um α fixo, igual a 5%, no mesmo exemplo 1, onde o processo tem σ = 28 g e:

$$H_O: \mu = 1.000 \text{ g}$$

$$H_1: \mu < 1.000 \text{ g}$$

Queremos agora verificar o que acontece com $\bar{X}_c$, quando n varia, desde que α seja mantido fixo, em 5%.

Neste caso, supondo-se H_O verdadeira, teríamos:

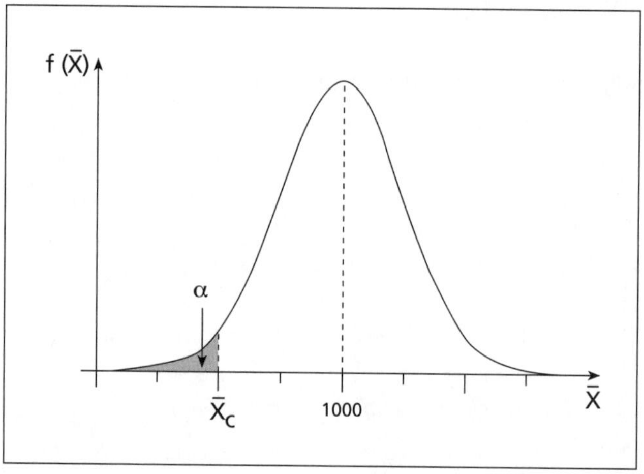

α = 5% ∴ Área = 0,45

Na tabela da Normal, obtém-se: Z = - 1,645

Como $Z = \dfrac{\bar{X}_c - 1.000}{28/\sqrt{n}}$, vem:

$$\bar{X}_c = 1.000 - \frac{1{,}645 \times 28}{\sqrt{n}} = 1.000 - \frac{46{,}06}{\sqrt{n}}$$

Vê-se, então, que o valor de $\bar{X}_c$ varia com o tamanho da amostra (n):

n	4	8	12	16	20	100
$\bar{X}_c$	976,97	983,72	986,70	988,49	989,70	995,39

O valor de $\bar{X}_c$ cresce à medida que n aumenta, indicando que a região crítica aumenta com n, neste exemplo.

1.2 PODER DO TESTE E CURVA CARACTERÍSTICA DE OPERAÇÃO

Se a hipótese H_0 fosse falsa, mesmo assim teríamos a possibilidade de aceitá-la, tomando uma decisão incorreta e cometendo um erro tipo II, com probabilidade β.

Exemplo 4:

A média do processo do exemplo 1 mudou para 970 g e o desvio padrão continua o mesmo (28 g). Qual é a probabilidade de o lote ser aceito, usando-se o mesmo plano de amostragem anterior, ou seja:

Tamanho de amostra: n = 16 elementos

Regra para aprovação: $\bar{X} \geq 986$ g

Solução:

Neste caso temos:

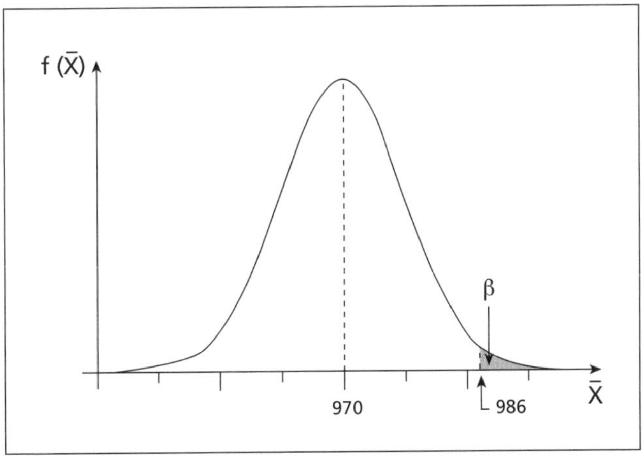

$$E(\bar{X}) = 970g; \qquad \sigma_{\bar{X}} = \frac{28}{\sqrt{16}} = 7g$$

$$Z = \frac{986 - 970}{7} = 2{,}2857$$

Na tabela da Normal, obtém-se:

Área = 0,4889

$\therefore P(\bar{X} > 986) = \beta = 0{,}5 - 0{,}4889 = 0{,}0111,$

ou: 1,11%

Exemplo 5:

Quais seriam os valores de β, se a média do processo do exemplo 1 mudasse para os valores abaixo e fosse mantido o plano de amostragem anterior: n = 16 elementos; e aceitação para $\bar{X} \geq 986$ g?

a) $\mu = 990$ g

b) $\mu = 980$ g

c) $\mu = 975$ g

Considerar $\sigma = 28$ g em todos os casos.

Solução:

H_0: $\mu = 1.000$ g

H_1: $\mu < 1.000$ g

$$\sigma_{\bar{X}} = \frac{28}{\sqrt{16}} = 7 \text{ g}$$

a) $$Z = \frac{986 - 990}{7} = -\,0{,}5714$$

Na tabela da Normal:

A = 0,2162

$\therefore \beta = 0{,}5 + 0{,}2162 = 0{,}7162$

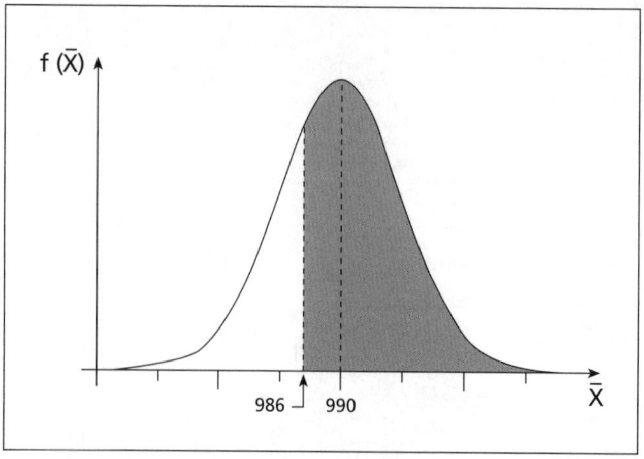

b) $$Z = \frac{986 - 980}{7} = 0,8571$$

Na tabela da Normal:

$A = 0,3043$

$\therefore \beta = 0,5 - 0,3043 = 0,1957$

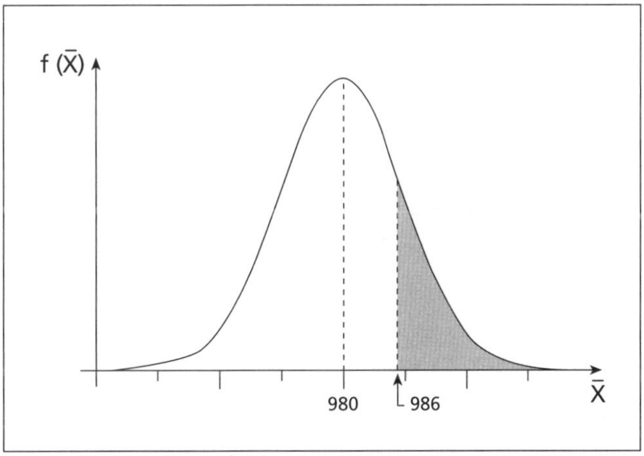

c) $$Z = \frac{986 - 975}{7} = 1,5714$$

Na tabela da Normal:

$A = 0,4420$

$\therefore \beta = 0,5 - 0,4420 = 0,0580$

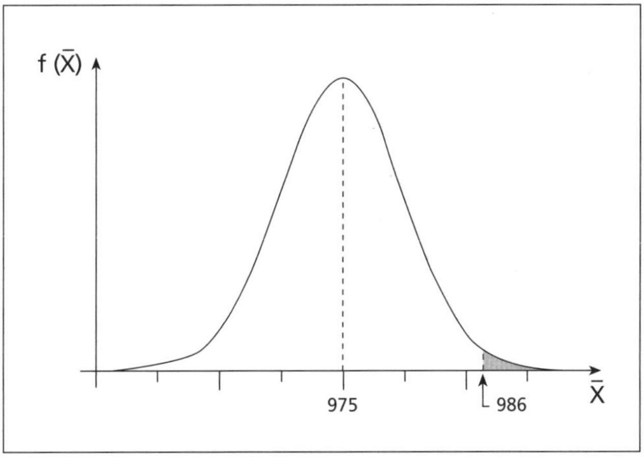

Vê-se, neste exemplo, que quanto menor for μ, menor será o valor do erro tipo II, ou seja, quanto mais a média do processo se afastar do valor previsto inicial, maior será a probabilidade de essa variação ser detectada e, portanto, menor será a probabilidade de se tomar uma decisão incorreta, aceitando-se H_0.

CURVA CARACTERÍSTICA DE OPERAÇÃO (CCO)

Se desenharmos uma curva, colocando-se os valores do β em função de μ, obteremos a curva característica de operação também conhecida como CCO.

No exemplo 5 temos:

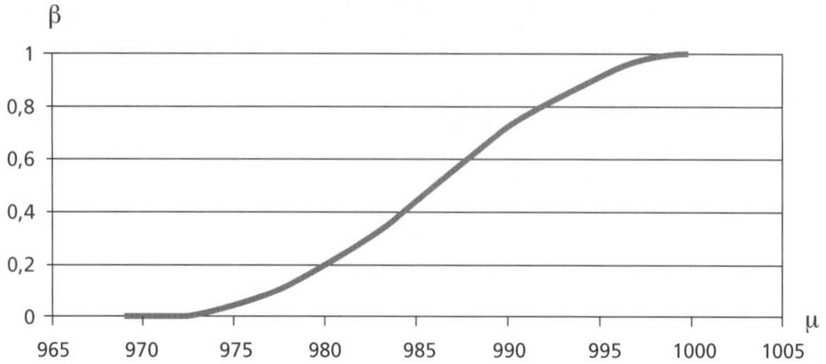

CURVA DE PODER DO TESTE

É a curva obtida plotando-se os valores de (1-β) em função de μ.

No exemplo, temos:

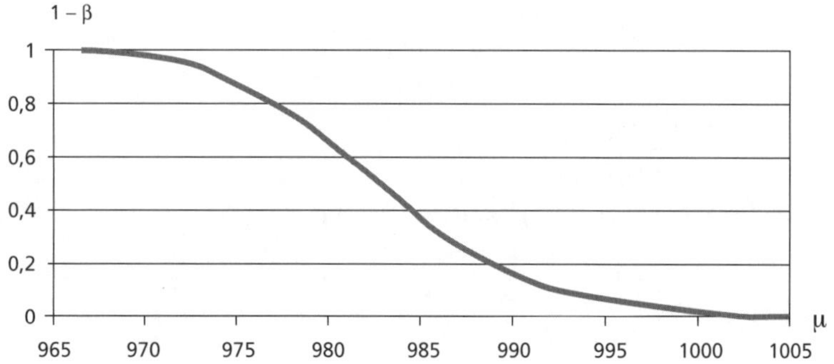

Observando-se a curva do poder do teste dada, podemos concluir, para o exemplo dado:

a) Quanto mais elevado é o valor (1 - β), maior é a força do teste, isto é, menor é a probabilidade de cometermos um erro tipo II.
b) Os valores de (1 - β) variam significamente entre μ = 960 e μ = 1.000.
c) O poder do teste, neste exemplo, diminui quando μ cresce.

Observe-se que as curvas dadas foram levantadas para uma amostra com n = 16 elementos. Se este número variar, o valor de β também variará, sendo maior quanto menor for n.

> Quando se aumenta o número de elementos da amostra, o poder discriminatório do plano de amostragem cresce, permitindo discriminar melhor os lotes bons dos ruins.

Exemplo 6:

As lâmpadas produzidas por certa empresa tinham duração média de 1.800 horas e desvio-padrão de 228,21 horas. O processo produtivo foi revisto e foram introduzidas algumas alterações, acreditando-se que a duração média aumentou, porém não existiam evidências estatísticas de que isto ocorreu.

Queremos planejar um teste de hipótese para verificarmos se a média realmente aumentou. Os erros foram fixados em:

Erro tipo I: máximo de 1%

Erro tipo II: máximo de 2% se a média de fato passar para 2.000 horas.

Calcular os valores de elementos da amostra e de $\bar{X}_c$ para aceitação da hipótese nula.

Solução:

H_0: $\mu = \mu_1 = 1.800$ horas (a vida média não mudou).

H_1: $\mu = \mu_1 > 1.800$ horas (a vida média aumentou).

Antes das alterações, tínhamos:

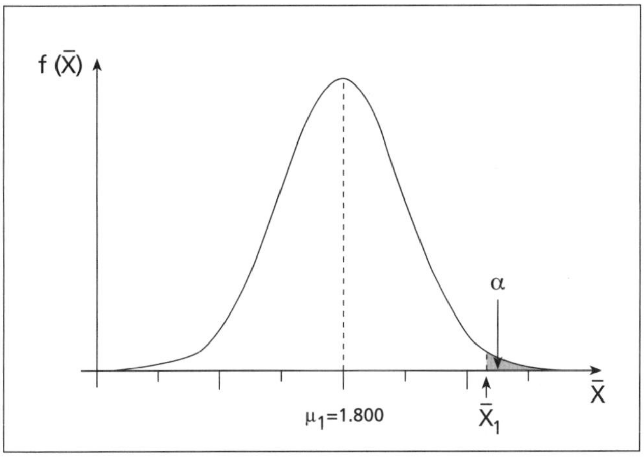

Com $\alpha = 1\%$ (Área = 0,49), na tabela da Normal, obtém-se:

$Z = 2{,}326$

Daí vem:

$$Z_1 = \frac{\bar{X}_1 - \mu_1}{\sigma/\sqrt{n}} \therefore \bar{X}_1 = \mu_1 + Z_1 \cdot \frac{\sigma}{\sqrt{n}} = 1.800 + \frac{2{,}326 \times 228{,}21}{\sqrt{n}} \therefore \bar{X}_1 = 1.800 + \frac{530{,}82}{\sqrt{n}}$$

Após as alterações, para μ_2 = 2.000, temos:

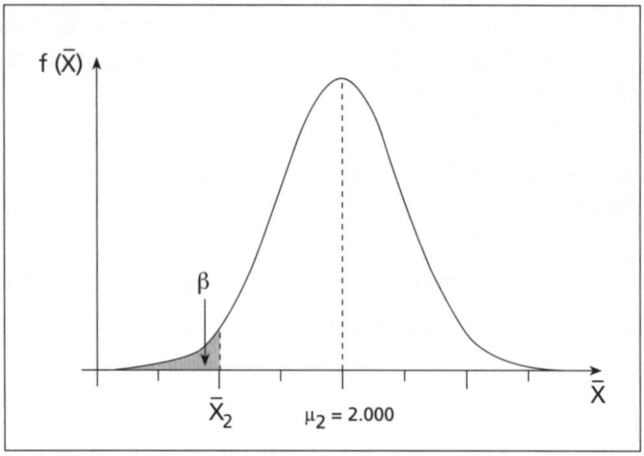

Com β = 2% (Área = 0,48), na tabela da Normal, obtém-se:

$$Z = -2{,}056$$

$$\therefore Z_2 = \frac{\bar{X}_2 - \mu_2}{\sigma / \sqrt{n}} \therefore \bar{X}_2 = \mu_2 + Z_2 \cdot \frac{\sigma}{\sqrt{n}} = 2.000 - \frac{2{,}056 \times 228{,}21}{\sqrt{n}}$$

$$\therefore \bar{X}_2 = 2.000 - \frac{469{,}20}{\sqrt{n}}$$

Como queremos que os erros I e II tenham, ao mesmo tempo, os valores fixados, fazemos:

$$\bar{X}_1 = \bar{X}_2$$

$$\therefore 1.800 + \frac{530{,}82}{\sqrt{n}} = 2.000 - \frac{469{,}20}{\sqrt{n}}$$

$$\frac{530{,}82 + 469{,}20}{\sqrt{n}} = 2.000 - 1.800 = 200$$

$$\therefore \frac{1.000{,}02}{\sqrt{n}} = 200 \therefore \sqrt{n} = 5{,}00 \therefore n = 25$$

O valor de $\bar{X}_c$ para aceitação de hipótese nula é, então:

$$\bar{X}_c = 1.800 + \frac{530{,}82}{\sqrt{25}} = 1.906{,}16 \text{ horas}$$

$$ou: \bar{X}_c = 2.000 - \frac{469{,}20}{\sqrt{25}} = 1.906{,}16 \text{ horas}$$

Conclusão:

O plano de amostragem é assim constituído:

- Amostra com 25 elementos.
- Regra de aceitação da hipótese nula:
  $\bar{X} \leq 1906{,}16$ horas.

Nesta publicação, os seguintes testes são indicados:

a) A média (μ) de uma população é igual a um valor conhecido (μ_0);

b) A variância de uma população é igual a um valor conhecido (σ_0^2);

c) As médias de duas população são iguais ($\mu_1 = \mu_2$);

d) As variâncias de duas populações são iguais ($\sigma_1{}^2 = \sigma_2^2$);

e) A proporção populacional (p) é igual a um valor conhecido (p_0);

f) As proporções (p_1 e p_2) de duas populações são iguais.

Note-se que, nos testes a seguir, só estaremos preocupados com o erro tipo I (α) e, portanto, o erro tipo II (β) não será calculado.

1.3 TESTE DE HIPÓTESES – ROTEIRO E EXEMPLOS

O roteiro para o teste de hipóteses é dado no quadro a seguir.

ROTEIRO PARA O TESTE DE HIPÓTESES

1 – Enunciar a hipótese nula (H_0) e a hipótese alternativa (H_1).
2 – Estabelecer o limite de erro tipo I (α).
3 – Determinar a variável de teste.
4 – Determinar a região crítica ou de rejeição de H_0.
5 – Calcular o valor da variável de teste, com os dados obtidos nas amostras.
6 – Comparar o valor obtido em (5) com a região crítica, determinada em (4).
7 – Tomar a decisão: Aceitar ou rejeitar H_0.

A tabela 1.3 mostra as variáveis de teste e as regras para rejeição da hipótese nula, em cada caso.

Exemplo 7:

Um processo estável de certa empresa produz eixos com diâmetro médio $\mu_0 = 12{,}10$ cm e desvio-padrão $\sigma = 0{,}52$ cm. Num certo mês, ocorreram alguns eventos que poderiam ter alterado essa média. Para testar-se a hipótese de que a média continua a mesma, foi selecionada uma amostra aleatória de 32 elementos, tendo-se obtido média amostral de 12,26 cm. Verificar se é possível aceitar que a média do processo continua a mesma, usando-se nível de significância de 1%.

Solução:

H_0: $\mu = \mu_0 = 12{,}10$

H_1: $\mu \neq \mu_0 = 12{,}10$

$\sigma = 0{,}52$ cm (suposta constante); $n = 32$

A variável de teste, de acordo com a tabela 1.3-A, é a variável Z, da distribuição Normal. Daí vem:

$$Z_{calc} = \frac{\bar{X} - \mu_0}{\sigma / \sqrt{n}} = \frac{12,26 - 12,10}{0,52 / \sqrt{32}} = 1,74$$

Como $\alpha = 0,01$ vem: $\alpha/2 = 0,005$

$$\text{Área} = 0,5 - 0,005 = 0,495$$

Na tabela da Normal, para Área = 0,495, obtém-se:

$$Z_{crit} = Z_{0,5\%} = 2,575$$

Como:

$$|Z_{calc}| < Z_{crit}, \text{ Aceita-se } H_0$$

Logo, não se pode afirmar que a média do processo mudou.

Exemplo 8:

Uma entidade afirmou que a altura média dos homens adultos de certa cidade do interior, com idade entre 20 e 30 anos, é de 1,74 m. Foi escolhida uma amostra aleatória de 45 homens, obtendo-se média 1,69 m e desvio padrão de 9 cm. É possível se aceitar a afirmativa da entidade, com nível de significância de 5%, havendo a desconfiança de que esta altura média seja inferior a 1,74 m?

Solução:

$H_0: \mu = 1,74$

$H_1: \mu < 1,74$

Neste caso, usa-se a tabela 1.3-A com σ^2 não conhecida.

Usamos o teste unilateral, porque estamos preocupados com que esta altura média possa ser menor do que a enunciada.

Como σ não é conhecida, verificamos na tabela A que a variável de teste é a "t" de Student.

$$t_{calc} = \frac{\bar{X} - \mu_0}{S / \sqrt{n}} = \frac{1,69 - 1,74}{0,09 / \sqrt{45}} = -3,727$$

Para se obter o t_{crit}, vamos inicialmente calcular o número de graus de liberdade (ϕ):

$$\phi = n - 1 = 45 - 1 = 44$$

Na tabela da distribuição de "t", com $\alpha = 5\%$ e $\phi = 44$ graus de liberdade, com interpolação obtém-se:

$$t_{crit} = t_{5\%} = 1,681$$

Verifica-se, então, que:

$$t_{calc} (= -3,727) < -t_{5\%} (= -1,681)$$

Logo, rejeita-se a hipótese H_0, ao nível de 5% de significância.

Não se pode afirmar que a altura média dos homens da cidade é de 1,74 m. A altura é inferior a este valor.

Exemplo 9:

Retiramos uma amostra aleatória de 30 elementos de uma certa população, tendo-se obtido $S^2 = 54{,}3$.

Testar a hipótese de $\sigma^2 = 60{,}0$, contra $\sigma^2 \neq 60{,}0$, ao nível de significância de 5%.

Solução:

H_0: $\sigma^2 = \sigma_0^2 = 60{,}0$

H_1: $\sigma^2 \neq 60{,}0$

Neste caso, usa-se a tabela 1.3-B

$$\chi^2_{calc} = \frac{(30-1)\times 54{,}3}{60{,}0} = 26{,}25$$

Na tabela do Qui Quadrado obtém-se, para $\phi = n - 1 = 29$; $\alpha/2 = 2{,}5\%$ e $(1 - \alpha/2) = 97{,}5\%$:

$\chi^2_{2,5} = 45{,}722$

$\chi^2_{97,5} = 16{,}047$

Verifica-se, então, que:

$\chi^2_{97,5} < \chi^2_{calc} = 26{,}25 < \chi^2_{2,5}$

Logo, aceita-se H_0.

Não se pode afirmar que a variância da população seja diferente de 60,0.

Exemplo 10:

Um mesmo item é produzido por dois processos diferentes. Os desvios padrões populacionais de certa característica são de 2,5 e 2,8, respectivamente, para os processos 1 e 2. Sabe-se que essa característica tem distribuição Normal, nos dois processos.

Foram retiradas duas amostras, uma de cada processo, tendo-se obtido as seguintes médias amostrais:

$\bar{X}_1 = 21{,}3$, com $n = 28$ elementos;

$\bar{X}_2 = 24{,}2$, com $n = 19$ elementos.

Testar a hipótese de as médias dos dois processos serem iguais, com nível de significância de 5%.

Solução:

Neste caso, usa-se a tabela 1.3-C, com σ_1^2 e σ_2^2 conhecidas.

Hipóteses iniciais: H_0: $\mu_1 = \mu_2$ e H_1: $\mu_1 \neq \mu_2$

Processo 1: $\bar{X}_1 = 21,3$; $n = 28$; $\sigma_1 = 2,5$

Processo 2: $\bar{X}_2 = 24,2$; $n = 19$; $\sigma_2 = 2,8$

$$Z_{calc} = \frac{\bar{X}_1 - \bar{X}_2}{\sqrt{\frac{\sigma_1^2}{n_1} + \frac{\sigma_2^2}{n_2}}} = \frac{21,3 - 24,2}{\sqrt{\frac{2,5^2}{28} + \frac{2,8^2}{19}}} = -3,637$$

Na tabela da Normal, para $\alpha/2 = 0,025$ e Área = 0,475, obtém-se:

$Z_{0,025} = 1,96$

Como: $|Z_{calc}| = 3,637 > Z_{\alpha/2}$, rejeita-se H_0.

Não se pode afirmar que as duas médias são iguais.

Exemplo 11:

Temos uma criação de lebres que foram submetidas a uma ração especial para ganhar peso, durante 2 meses.

Foram sorteadas 9 lebres, antes e 10 depois da ração especial, e as suas massas são dadas na tabela a seguir, em kg.

Elemento	1	2	3	4	5	6	7	8	9	10
1- Antes	1,80	1,29	1,23	1,27	1,38	1,82	1,92	1,83	1,24	
2- Depois	1,64	1,57	1,55	1,88	1,96	1,79	1,63	1,80	1,92	1,81

Verificar se é possível concluir que a ração realmente contribuiu para o aumento do peso médio da população de lebres, com nível de confiança $(1 - \alpha)$ de 99%.

Solução:

Neste caso, usa-se a tabela 1.3-C, com σ_1^2 e σ_2^2 não conhecidas.

Hipóteses iniciais: H_0: $\mu_1 = \mu_2$ e H_1: $\mu_1 < \mu_2$

Não conhecemos σ_1 e σ_2 e vamos supô-las diferentes, para mostrarmos como se aplica o caso mais geral. O exemplo 14 mostra um roteiro para esta comprovação.

Partindo-se dos dados das amostras, obtemos:

Antes: $\bar{X}_1 = 1,531$; $S_1 = 0,30019$; $n = 9$

Depois: $\bar{X}_2 = 1,755$; $S_2 = 0,14767$; $n = 10$

Daí vem:

$$v_1 = \frac{S_1^2}{n_1} = \frac{0,30019^2}{9} = 0,0100123; \; v_2 = \frac{S_2^2}{n_2} = \frac{0,14767^2}{10} = 0,0021806$$

$$\phi = \frac{(v_1 + v_2)^2}{\left(\frac{v_1^2}{n_1 + 1}\right) + \left(\frac{v_2^2}{n_2 + 1}\right)} - 2 = \frac{14,867 \times 10^{-5}}{1,0457 \times 10^{-5}} - 2 = 12,22$$

$\alpha = 100 - 99 = 1\%$

Na tabela de t, para teste unilateral, $\alpha = 1\%$ e $\phi = 12{,}22$, obtém-se:

$t_{1\%} = 2{,}674$ (Nota: com o EXCEL obteríamos 2,681)

$$t_{calc} = \frac{1{,}531 - 1{,}755}{\sqrt{0{,}0100123 + 0{,}0021806}} = \frac{-\ 0{,}224}{0{,}110421} = -\ 2{,}029$$

Assim,

$$t_{calc} = -\ 2{,}029 > -\ t\,\alpha = -\ 2{,}674,$$

Conclusão:

Aceita-se a hipótese nula. Não há evidências de que a ração tenha contribuído para o aumento do peso das lebres, ao nível de 1% de significância.

Exemplo 12:

A hipótese nula do exemplo anterior poderia ser aceita, para $\alpha = 5\%$?

Solução:

Neste caso, para $\alpha = 5\%$, obtém-se na tabela de "t":

$t_{5\%} = 1{,}780$

Assim:

$$t_{cal} = -\ 2{,}029 < -\ t_{5\%} = -\ 1{,}780$$

Logo, rejeita-se a hipótese nula e pode-se afirmar que a ração contribuiu para o aumento do peso dos lebres, ao nível de 5% de significância.

Exemplo 13:

É possível afirmar que a massa média da população de lebres do exemplo 11 tenha atingido 1,80 kg, após a tratamento com a ração especial, com nível de significância de 5%?

Solução:

Neste caso, usa-se a tabela 1.3-A, com variância não conhecida.

Hipóteses iniciais: H_0: $\mu_2 = 1{,}80$ kg e H_1: $\mu_2 < 1{,}80$ kg

$\bar{X}_2 = 1{,}755$ kg; $S_2 = 0{,}14767$; $n_2 = 10$

$$t_{calc} = \frac{\bar{X} - \mu_0}{S/\sqrt{n}} = \frac{1{,}755 - 1{,}800}{0{,}14767/\sqrt{10}} = -\ 0{,}964$$

Na tabela de t, com $\alpha = 5\%$ e 9 graus de liberdade, obtém-se:

$t_{crit} = 1{,}833$

$\therefore\ t_{cal} = -\ 0{,}964 > -\ 1{,}833$

Logo, aceita-se H_0 e a massa média de população, após o tratamento, pode ser considerada como 1,80 kg, ao nível de 5% de significância.

Exemplo 14:

Foram retiradas amostras de duas populações tendo-se obtido:

Amostra da população 1: n_1 = 25 elementos; S_1 = 2,571

Amostra da população 2: n_2 = 39 elementos; S_2 = 2,472

Testar a hipótese de as variâncias das duas populações serem iguais, com nível de significância de 5%.

Solução:

Neste caso, usa-se a tabela 1.3-D.

Hipóteses iniciais: H_0: $\sigma_1^2 = \sigma_2^2$ e H_1: $\sigma_1^2 \neq \sigma_2^2$

$$F_{calc} = \frac{S_1^2}{S_2^2} = \frac{2,571^2}{2,472^2} = 1,082$$

Determinação de F crítico:

Graus de liberdade: $\phi_1 = n_1 - 1 = 24$

$\phi_2 = n_2 - 1 = 38$

Na tabela de "F" de Snedecor, com $\alpha/2$ = 2,5%, obtém-se:

$F_{\alpha/2} = F_{2,5\%} = F_{2,5\%}(24; 38) = 2,036$ (Nota: com o EXCEL, obteríamos 2,027)

$$F_{1-\alpha/2} = \frac{1}{F_{\alpha/2}(\phi_2, \phi_1)} = \frac{1}{F_{2,5\%}(38; 24)} = \frac{1}{2,162} = 0,463$$

Assim, tem-se:

$F_{calc} = 1,082 < F_{2,5\%} = 2,036$, e

$F_{calc} > F_{1-\alpha/2} = 0,463$

Logo, aceita-se a hipótese nula e não se pode afirmar que as variâncias das duas populações sejam diferentes.

Exemplo 15:

O responsável por certo processo produtivo afirma que 90,0% das peças produzidas têm resistência à ruptura maior do que um valor mínimo estabelecido numa especificação. Foram ensaiadas 110 peças em laboratório, verificando-se que 18 delas se romperam com resistências inferiores ao mínimo especificado.

a) A afirmativa do responsável pode ser aceita, com nível de significância de 1%?

b) E com nível de 5%?

Solução:

H_0: $p = 0,900$

H_1: $p < 0,900$

(Nota: usamos H_1: $P<0,90$ porque estamos desconfiados de que a proporção é menor do que 0,90.)

$$p_0 = 0,900; \qquad n = 110; \qquad \bar{p} = \frac{110 - 18}{110} = \frac{92}{110} = 0,836$$

Na tabela 1.3-E, verificamos que a variável de teste é Z. Daí vem:

$$Z_{calc} = \frac{0,836 - 0,900}{\sqrt{\frac{0,900 \cdot (1 - 0,900)}{110}}} = -2.237$$

a) Com nível de significância $\alpha = 1\%$:
Na tabela da Normal, obtém-se

$$Z_{1\%} = 2,327$$

Assim:

$$Z_{calc}(= -2,237) > -Z_{1\%} (= -2,327)$$

Logo, aceita-se a hipótese nula e pode-se aceitar a afirmativa do responsável, com $\alpha = 1\%$.

b) Com $\alpha = 5\%$:
Na tabela da Normal, obtém-se:

$$Z_{5\%} = 1,645$$

Assim:

$$Z_{calc} (= -2,237) < -Z_{5\%} (= -1,645)$$

Logo, rejeita-se H_0 e não se pode aceitar a afirmativa do responsável, com $\alpha = 5\%$.

Exemplo 16:

Numa pesquisa de opinião a respeito da intenção de voto, 57 dentre 95 eleitores do sexo masculino afirmaram que votariam no candidato Dr. O. Nesto, enquanto que 110 dentre 150 eleitores do sexo feminino declaram o mesmo.

a) É possível se afirmar, com $\alpha = 0,5\%$, que os eleitores de ambos os sexos têm intenções de voto iguais com relação ao candidato em questão?

b) E com $a = 5\%$?

Solução:

H_0: $p_1 = p_2$

H_1: $p_1 \neq p_2$

$n_1 = 95; \quad n_2 = 150$

$$\bar{p}_1 = \frac{57}{95} = 0{,}600; \qquad \bar{p}_2 = \frac{110}{150} = 0{,}733$$

A variável de teste é Z.

Na tabela 1.3 - F, obtêm-se as expressões requeridas para o cálculo de Z:

$$p' = \frac{95 \times 0{,}600 + 150 \times 0{,}733}{95 + 150} = \frac{57 + 110}{245} = 0{,}682$$

$$Z_{calc} = \frac{0{,}600 - 0{,}733}{\sqrt{0{,}682 \cdot (1 - 0{,}682) \cdot \left(\frac{1}{95} + \frac{1}{150}\right)}} = -\frac{0{,}133}{0{,}061} = -\ 2{,}178$$

a) Com α = 0,5%

Na tabela da Normal, com $\alpha/2$ = 0,25% (Área = 0,4975), obtém-se:

$$Z_{0,25\%} = 2{,}81$$

Como:

$$|Z_{calc}|\ (= 2{,}178) < Z_{0,25\%}\ (= 2{,}81)$$

Aceita-se a hipótese nula e pode-se aceitar a afirmativa de que o candidato tem intenções de voto iguais para eleitores de ambos os sexos, com α = 0,5%.

b) Com α = 5%

Na tabela da Normal, com $\alpha/2$ = 2,5% (Área = 0,475), obtém-se:

$$Z_{2,5\%} = 1{,}96$$

Como:

$$|Z_{calc}|\ (= 2{,}178) > Z_{2,5\%}\ (= 1{,}96)$$

Tabela 1.3 Resumo dos testes de hipóteses paramétricos

A – A média (μ) de uma população é igual a um valor conhecido (μ_0)

Hipóteses		σ^2 conhecida	σ^2 não conhecida	
H_0	H_1	Variável de teste: $Z_{calc} = \dfrac{\bar{X} - \mu_0}{\sigma / \sqrt{n}}$ (Distribuição Normal)	Variável de teste: $t_{calc} = \dfrac{\bar{X} - \mu_0}{S / \sqrt{n}}$ (Distribuição "t" de Student)	
$\mu = \mu_0$	$\mu \neq \mu_0$ (bilateral)	$\lvert Z_{calc}\rvert > Z_{\alpha/2}$: rejeita-se H_0	$\lvert t_{calc}\rvert > t_{\alpha/2}$: rejeita-se H_0	Usar (n–1) graus de liberdade
	$\mu > \mu_0$ (unilateral)	$Z_{calc} > Z_{\alpha}$: rejeita-se H_0	$t_{calc} > t_{\alpha}$: rejeita-se H_0	
	$\mu < \mu_0$ (unilateral)	$Z_{calc} < -Z_{\alpha}$: rejeita-se H_0	$t_{calc} < -t_{\alpha}$: rejeita-se H_0	

B – A variância (σ^2) de uma população é igual a um valor conhecido (σ_0^2)

Hipóteses			
H_0	H_1	Variável de teste: $\chi^2_{calc} = \dfrac{(n-1) \cdot S^2}{\sigma_0^2}$ (Distribuição Qui-quadrado)	
$\sigma^2 = \sigma_0^2$	$\sigma^2 \neq \sigma_0^2$ (bilateral)	$\chi^2_{calc} > \chi^2_{\alpha/2}$ ou $\chi^2_{calc} < \chi^2_{1-\alpha/2}$: rejeita-se H_0	Usar (n – 1) graus de liberdade
	$\sigma^2 > \sigma_0^2$ (unilateral)	$\chi^2_{calc} > \chi^2_{\alpha}$: rejeita-se H_0	
	$\sigma^2 < \sigma_0^2$ (unilateral)	$\chi^2_{calc} < \chi^2_{\alpha}$: rejeita-se H_0	

C – As médias de duas populações são iguais ($\mu_1 = \mu_2$)

Hipóteses		σ_1^2 e σ_2^2 conhecidas	σ_1^2 e σ_2^2 não conhecidas	
			σ_1^2 e σ_2^2 supostas iguais	σ_1^2 e σ_2^2 supostas diferentes
H_0	Variável de teste / H_1	$Z_{calc} = \dfrac{\bar{X}_1 - \bar{X}_2}{\sqrt{\dfrac{\sigma_1^2}{n_1} + \dfrac{\sigma_2^2}{n_2}}}$	$t_{calc} = \dfrac{\bar{X}_1 - \bar{X}_2}{S_p \cdot \sqrt{\dfrac{n_1 + n_2}{n_1 \cdot n_2}}}$	$t_{calc} = \dfrac{\bar{X}_1 - \bar{X}_2}{\sqrt{\dfrac{S_1^2}{n_1} + \dfrac{S_2^2}{n_2}}}$
$\mu_1 = \mu_2$	$\mu_1 \neq \mu_2$ (bilateral)	$\lvert Z_{calc}\rvert > Z_{\alpha/2}$: rejeita-se H_0	$\lvert t_{calc}\rvert > t_{\alpha/2}$: rejeita-se H_0	$\lvert t_{calc}\rvert > t_{\alpha/2}$: rejeita-se H_0
	$\mu_1 > \mu_2$ (unilateral)	$Z_{calc} > Z_{\alpha}$: rejeita-se H_0	$t_{calc} > t_{\alpha}$: rejeita-se H_0	$t_{calc} > t_{\alpha}$: rejeita-se H_0
	$\mu_1 < \mu_2$ (unilateral)	$Z_{calc} < -Z_{\alpha}$: rejeita-se H_0	$t_{calc} < -t_{\alpha}$: rejeita-se H_0	$t_{calc} < -t_{\alpha}$: rejeita-se H_0
Notas		Distribuição Normal	Distribuição "t" de Student $S_p^2 = \dfrac{(n_1 - 1)S_1^2 + (n_2 - 1)S_2^2}{n_1 + n_2 - 2}$ = Média ponderada das variâncias amostrais graus de liberdade = $\varnothing = (n_1 + n_2 - 2)$	1 Distribuição "t" de Student com graus de liberdade $\phi = \dfrac{(\upsilon_1 + \upsilon_2)^2}{\dfrac{\upsilon_1^2}{n_1 + 1} + \dfrac{\upsilon_2^2}{n_2 + 1}} - 2$ onde: $\upsilon_1 = \dfrac{S_1^2}{n_1}$ e $\upsilon_2 = \dfrac{S_2^2}{n_2}$ 2 Para amostras grandes, usar a Normal

Tabela 1.3 (continuação)

D – As variâncias das duas populações são iguais ($\sigma_1^2 = \sigma_2^2$)			
Hipóteses		Variável de teste: $F_{calc} = \frac{S_1^2}{S_2^2}$ (Distribuição "F" de Snedecor)	
H_0	H_1		
$\sigma_1^2 = \sigma_2^2$	$\sigma_1^2 \neq \sigma_2^2$ (bilateral)	$F_{calc} > F_{\alpha/2}$ ou $F_{calc} < F_{1-\alpha/2}$: rejeita-se H_0	Nota: usar "F" com: Φ_1: $(n_1 - 1)$ graus de liberdade no numerador Φ_2: $(n_2 - 1)$ graus de liberdade no denominador
	$\sigma_1^2 > \sigma_2^2$ (unilateral)	$F_{calc} > F_{\alpha}$: rejeita-se H_0	
	$\sigma_1^2 < \sigma_2^2$ (unilateral)	$F_{calc} < F_{1-\alpha}$: rejeita-se H	

Nota: σ^2 não é conhecida

E – A proporção populacional (p) é igual a um valor conhecido (p_0)		
Hipóteses		Variável de teste: $Z_{calc} = \dfrac{\bar{p} - p_0}{\sqrt{\dfrac{p_0(1-p_0)}{n}}}$
H_0	H_1	
$p = p_0$	$p \neq p_0$	$\lvert Z_{calc}\rvert > Z_{\alpha/2}$: rejeita-se H_0
	$p > p_0$	$Z_{calc} > Z_{\alpha}$: rejeita-se H_0
	$p < p_0$	$Z_{calc} < -Z_{\alpha}$: rejeita-se H_0

F – As proporções de duas populações são iguais ($p_1 = p_2$)		
Hipóteses		Variável de teste: $Z_{calc} = \dfrac{\bar{p}_1 - \bar{p}_2}{\sqrt{p' \cdot (1-p') \cdot \left(\dfrac{1}{n_1} + \dfrac{1}{n_2}\right)}}$ Sendo: $p' = \dfrac{n_1\,\bar{p}_1 + n_2\,\bar{p}_2}{n_1 + n_2}$
H_0	H_1	
$p_1 = p_2$	$p_1 \neq p_2$	$\lvert Z_{calc}\rvert > Z_{\alpha/2}$: rejeita-se H_0
	$p_1 > p_2$	$Z_{calc} > Z_{\alpha}$: rejeita-se H_0
	$p_1 < p_2$	$Z_{calc} < -Z_{\alpha}$: rejeita-se H_0

Rejeita-se a hipótese nula e não se pode aceitar a afirmativa, com α = 5%.

EXERCÍCIOS PROPOSTOS

1 Um certo processo produz peças com comprimento médio (μ) de 13,21 cm e desvio padrão de 1,42 cm.

Um plano de amostragem estabeleceu a seguinte regra para aprovação de lotes com 16 elementos:

$$\bar{X} \leq 14{,}00 \text{ cm}$$

Qual é o erro tipo I cometido?

Resposta — 1,3%

2 Um certo processo produz peças com diâmetro médio (μ) de 282 mm e variância de 264 mm^2.

Um plano de amostragem estabeleceu a seguinte regra para aprovação de lotes com 10 elementos:

$$270 \leq \bar{X} \leq 290 \text{ mm}$$

Qual é o erro tipo I cometido?

Resposta — 6,95% (sendo 0,98% na cauda inferior e 5,97% na superior).

3 No exemplo anterior, mantendo-se o plano de amostragem estabelecido, qual seria o erro tipo II cometido, caso a média do processo mudasse para:

a - 260 mm; b - 265 mm; c - 280 mm; d - 291 mm.

Respostas — a - 2,58%; b -16,52%; c - 94,84%; d - 42,28%.

4 Um certo processo produz peças com comprimento médio (μ) de 13,21 cm e desvio padrão de 1,42 cm. Um plano de amostragem estabeleceu a seguinte regra para aprovação de lotes com 16 elementos:

$$\bar{X} \leq 14{,}00 \text{ cm}$$

Qual seria o erro tipo II cometido, caso a média do processo mudasse para 14,7 cm?

Nota: considerar que não houve mudança da variância do processo.

Resposta — 2,43%

5 Certos itens produzidos pela empresa XWYZ têm a vida média de 33.451 minutos e desvio-padrão de 102 minutos. Foram introduzidas novas máquinas no processo produtivo para aumentar a vida média e deseja-se uma comprovação de que isto ocorreu de fato.

Planejar uma regra de decisão para verificar se realmente houve esse aumento, usando-se amostra de 25 elementos e $\alpha = 2{,}5\%$.

Resposta — Aceitar que houve aumento se a média da amostra for superior a 33.490,98 minutos.

6 Certos itens produzidos pela empresa XWYZ têm a vida média de 33.451 minutos e desvio-padrão de 520 minutos.

Como ocorreram certos aperfeiçoamentos no processo, foi estabelecido um plano de amostragem, com amostras de 5 elementos e a seguinte regra para verificar se houve alteração da vida média do processo:

$\bar{X} \leq 33.600$ minutos: Não houve alteração da vida média

$\bar{X} \leq 33.600$ minutos: A vida média dos itens aumentou.

Se a vida média aumentar para 34.000 minutos, determinar qual é a probabilidade de esse aumento ser rejeitado neste teste (Erro tipo II).

Nota: considerar que não houve mudança da variância do processo.

Resposta — Erro tipo II = 4,27%

7 Para produzir certo lote padronizado, um processo levava em média 182,3 minutos e tinha desvio-padrão de 8,8 minutos. Como este tempo era excessivo, foi tentado um aperfeiçoamento do processo, porém ainda não havia comprovação da eficácia das medidas adotadas.

Estabelecer um plano de amostragem, para verificar se a média diminuiu ou não, com erro tipo I de no máximo 1%.

Usar amostras de 12 elementos. Indicar $\bar{X}_c$ e a regra de decisão para aceitar que houve redução do tempo médio.

Resposta — Aceitar que houve redução do tempo se $\bar{X} < 176,39$ minutos

8 Desenhar a Curva Característica de Operação do seguinte plano de amostragem:

$n = 45$ elementos

$\bar{X} \geq 4.320$

Sabe-se que $\sigma = 104$.

9 Desenhar a Curva do Poder de Teste para o plano do exercício anterior.

10 Uma amostra de 12 elementos apresentou média ($\bar{X}$) de 27,3. Sabendo-se que a variância da população é igual a 15,2, testar a hipótese de $\mu = 25,0$ contra a alternativa de $\mu > 25,0$, usando os seguintes níveis de significância:

a - 5%; b - 1%; c - 10%

11 As peças produzidas por certa empresa tinham a vida média de 232 horas, com desvio padrão de 7,8 horas, e o processo produtivo foi modificado para aumentar essa vida.

Estabelecer um plano de amostragem (indicando: n e $\bar{X}_c$), para comprovar se a vida média aumentou ou não, de forma que os erros máximos sejam de:

a - tipo I: 1%

b - tipo II: 5%, se a média passar para 250 horas.

Resposta — $n = 3$; $\bar{X}_c = 242,54$

12 Uma empresa produz resistores com vida que obedece a uma distribuição Normal com μ = 950 horas e s^2 = 1111 (horas)^2.

Sabendo-se que uma amostra com 33 elementos apresentou: $\bar{X}$ = 940 horas, testar a hipótese de que μ = 950 horas contra a alternativa μ < 950 horas, adotando α = 2,5%.

Resposta — Aceita-se H_0, pois Z_{calc} (-1,7235) > - $Z_{0,025}$ (-1,96)

13 As alturas (em metros) dos alunos componentes de uma amostra representativa de uma escola de medicina são:

1,87; 1,57; 1,82; 1,68; 1,75; 1,78; 1,69; 1,71; 1,81.

Usando nível de 1%, testar a hipótese H_0: μ = 1,75 m, contra H_1: μ > 1,75 m.

Resposta — Aceita-se H_0 ($\bar{X}$= 1,742; S = 0,0907; t_{calc} = - 0,2649; $t_{1\%}$ = 2,8965)

14 Foi retirada uma amostra aleatória de um processo, obtendo-se:

Classe	20 ⊢ 25	25 ⊢ 30	30 ⊢ 35	35 ⊢ 40	40 ⊢ 45	45 ⊢ 50
Freqüência	1	3	8	7	4	1

Testar as seguintes hipóteses bilaterais, com nível de significância de 5%:

a - μ = 29; b - μ = 33; c - μ = 37; d - μ = 40

15 Numa amostra de 32 elementos de uma população Normal, obteve-se:

σ^2 = 41,5

Testar as seguintes hipóteses, com nível de significância de 5%:

a - σ^2 = 30, contra σ^2 > 30

b - σ^2 = 35, contra σ^2 > 35

c - σ^2 = 43, contra $\sigma^2 \neq$ 43

d - σ^2 = 46, contra σ^2 < 46

16 Foram retiradas 2 amostras de 2 processos distintos, obtendo-se:

$\bar{X}_1$ = 182; S_1 = 14,7; n_1 = 25 elementos

$\bar{X}_2$ = 163; S_2 = 13,7; n_2 = 30 elementos

Testar H_0, contra as seguintes hipóteses H_1, usando α = 1%:

a - $\mu_1 \neq \mu_2$;

b - $\mu_1 > \mu_2$;

c - $\sigma_1^2 \neq \sigma_2^2$;

d - $\sigma_1^2 > \sigma_2^2$

Resposta — a) Rejeita-se H_0

17 Foi retirada uma amostra de certo processo produtivo, obtendo-se os valores dados a seguir:

Valor	26,0	26,1	26,2	26,3	26,4	26,5	26,6	26,7	26,8	26,9	27,0
Freqüência	1	0	5	4	12	14	7	5	3	2	1

Verificar se existem evidências de que:

a - $\mu \neq 26{,}4$, com nível de 5%.

b - $\mu < 26{,}3$, com nível de 1%.

c - $\sigma > 2{,}0$, com nível de 1%.

d - $\sigma < 1{,}0$, com nível de 5%.

18 Os aparelhos produzidos pela empresa ALPHA têm a vida média de 3.250 horas e desvio-padrão de 49 horas. Foram introduzidas novas máquinas no processo produtivo para aumentar a vida média e deseja-se uma comprovação de que isto ocorreu de fato.

a Planejar uma regra de decisão para verificar se realmente houve esse aumento, usando-se amostra de 73 elementos e $\alpha = 5\%$

b Determinar qual é a probabilidade de esse aumento ser rejeitado no teste, se de fato a vida média aumentar para 3.320 horas, considerando-se que o desvio-padrão não mudou.

19 Certa especificação estabelece que o percentual médio de itens não-conformes de um processo deve ser, no máximo, de 0,05%. Após a inspeção de 30.340 itens, foram encontrados 10 itens não-conformes.

Pode-se afirmar que a especificação está sendo atendida com nível de significância de 1%, sabendo-se que é importante que haja certeza de que o percentual médio não seja superior a 0,05%?

Resposta — Aceita-se a afirmativa, pois Z_{calc} (- 1,3277) > - Z_{crit} (- 2,326)

20 Numa pesquisa de opinião, 140 dentre 215 homens desaprovaram o produto ZXZX de certa empresa, enquanto que o mesmo aconteceu com 96 entre 197 mulheres. Existe diferença de opinião real entre homens e mulheres a respeito do produto, com nível de significância de 1%?

2 COMENTÁRIOS INICIAIS SOBRE O DELINEAMENTO DE EXPERIMENTOS

2.1 INTRODUÇÃO

Um Experimento é definido como um ensaio ou uma série de ensaios nos quais são feitas mudanças propositais nas variáveis da entrada de um processo ou sistema de forma que possam ser observadas e identificadas as razões para mudanças na resposta de saída (ref. 1).

Os experimentos são executados em todos os campos de conhecimento, pelos pesquisadores e estudiosos interessados em descobrir algo que ocorre ou possa vir a ocorrer em certo processo ou sistema.

O foco dos experimentos é a descoberta, o rumo ao desconhecido, para aperfeiçoamento do processo ou otimização de suas saídas. Por exemplo, o objetivo pode ser o de tornar um processo mais robusto, isto é, menos afetado pelos fontes externas de variabilidade. Pode ser, também, o de torná-lo mais econômico ou de melhorar as características tecnológicas do produto resultante.

Processo é definido como um conjunto de causas que produzem um ou mais efeitos. As causas podem ser agrupadas em seis grupos-chave (6 M):

- Mão-de-obra
- Método
- Máquina
- Matéria-prima
- Meios de medir
- Meio ambiente

OBJETIVOS DO EXPERIMENTO

Em geral, os objetivos do experimento incluem:

1 - Determinar quais os fatores que mais influem na saída do processo.

2 - Determinar os valores necessários dos fatores controláveis do processo de forma a obter a saída próxima do valor nominal desejado.

3 - Determinar que valores atribuir aos fatores controláveis do processo, de forma a tornar pequena a variabilidade na saída.

4 - Determinar que valores atribuir aos fatores controláveis do processo, de forma a torná-lo mais robusto aos efeitos das variáveis não controláveis.
5 - Determinar os valores ótimos dos fatores controláveis do processo, para torná-lo mais econômico ou para melhorar as características tecnológicas do produto resultante.

FASES DO EXPERIMENTO

Obedecendo-se aos princípios da Gestão pela Qualidade Total, consideramos que os experimentos têm 4 fases, como mostrado na figura a seguir:

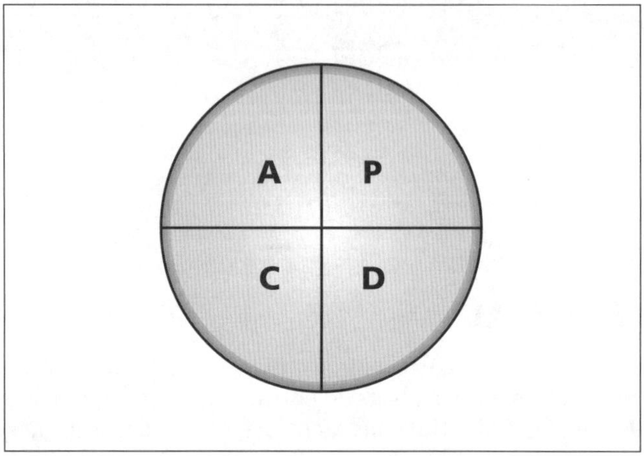

Figura 2.1 *— Ciclo PDCA.*

P Planejamento do experimento. É conhecido como delineamento do experimento.
D É a realização do experimento, de acordo com o que for planejado. Envolve também o treinamento adequado do pessoal para sua correta execução.
C Análise dos resultados obtidos no experimento. Envolve todos os estudos estatísticos e análises de variância.
A Ação após a análise dos resultados. Pode indicar a necessidade de novos planejamentos, com novos ciclos PDCA.

APLICAÇÕES DO DELINEAMENTO DE EXPERIMENTOS

O delineamento de experimentos é um processo científico com aplicação ampla em vários campos do conhecimento.

Em geral, fazemos conjecturas a respeito de um processo, desenvolvemos experimentos para coletar dados do processo e usamos essas informações para estabelecer novas conjecturas. Após, fazemos novos experimentos e repetimos as operações indefinidamente até que as respostas sejam adequadas

a) No desenvolvimento de novos processos:
- Melhorar as saídas do processo
- Reduzir a variabilidade do processo e aproximar os valores de saída aos requisitos nominais ou alvos
- Reduzir o tempo de desenvolvimento e
- Reduzir os custos totais

b) No projeto:

- Avaliação e comparação de configurações básicas do projeto
- Avaliação de materiais alternativos
- Seleção de parâmetros de projeto para tornar o produto robusto, isto é, capaz de funcionar bem sob uma variedade de condições de campo e
- Determinação de parâmetros-chave do projeto, que influenciam o desem-penho do produto

O modelo geral de um processo é dado na figura a seguir (Ref. 1).

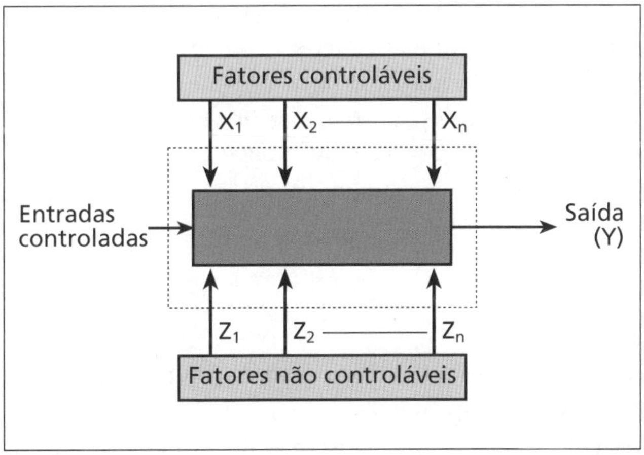

***Figura 2.2** — Modelo geral de um processo para o delineamento de experimentos.*

Exemplo 1:

Um banco está interessado em aumentar o lucro das suas agências e deseja saber qual é o tipo de propaganda mais eficiente. Seleciona, então, os veículos de propaganda a seguir: rádio, televisão, jornal e mala direta. Neste caso, temos:

As **entradas controladas** são os insumos do processo (todas as matérias-primas utilizadas).

Os **fatores controláveis** são:

- Propaganda: Tipos e valores a serem despendidos
- Agências: Quantidade e localização
- Funcionários: Quantidade em cada agência
- Treinamento do pessoal: Assuntos, verbas, locais etc.
- Produtos oferecidos pelo banco
- Etc.

Alguns **fatores não controláveis** são:

- Ações da concorrência
- Ações governamentais
- Crises econômicas mundiais
- Crises econômicas nacionais
- Greves
- Etc.

Saída (Y): é o lucro semestral do banco.

Assim, o fator a ser testado é o veículo de propaganda, pois o banco está interessado em saber qual deles é mais eficiente (rádio, televisão, jornal ou mala direta) e qual a influência de cada um no seu lucro semestral, para poder depois investir adequadamente, proporcionando o maior retorno para os acionistas.

Algumas questões poderiam ser levantadas:

- Os veículos de propaganda são os únicos a serem testados? Vamos ignorar outros, como a Internet, *outdoors*, revistas etc.?
- A influência dos fatores não controláveis pode ser grande? O que acontece se algum fator importante não puder ser controlado?
- A ordem de realização dos experimentos pode influenciar nas conclusões?
- Quais as diferenças-limite entre as médias de amostras retiradas, para que as populações possam ser consideradas diferentes?

Estas perguntas devem ser respondidas após estudos e realização de uma série de experimentos.

Exemplo 2:

Uma granja quer diminuir o tempo de engorda para abate dos seus frangos e dispõe de 4 tipos de ração para serem testados.

As ***entradas controladas*** são os insumos do processo: Pintinhos, ração, água e vacinas.

Os **fatores controláveis** são:

- tipo de ração
- quantidade diária de ração
- quantidade de aves por galinheiro
- raça dos galináceos
- tipo de solo (terra ou cimento) do galinheiro
- iluminação do galinheiro

Destes, o fator escolhido para ser estudado foi o tipo de ração.

Os **fatores não controláveis** são: chuvas, temperatura, ruídos de estradas próximas, características genéticas individuais de cada frango etc.

(*Nota* : observe-se que todos os fatores poderiam ser controlados, mas isto não seria conveniente ou econômico, daí a classificação dada, que levou em conta aspectos práticos.)

Existem várias saídas deste processo, porém a que nos interessa no momento é:

Saída – peso das aves após certo número de dias.

Desta forma, vai-se variar o tipo de ração, mantendo-se fixos os outros fatores controláveis, para verificar o efeito no tempo de engorda das aves, até que atinjam o peso de abate.

Observe-se que até as aves que receberam a mesma ração terão uma certa variabilidade de peso, devido aos fatores não controláveis. Assim, algumas comerão mais do que outras ou terão maior aproveitamento do alimento, engordando mais do que as outras, devido a fatores genéticos. A variabilidade é inerente aos processos em geral e ela ocorrerá, inevitavelmente, embora possa ser minimizada.

2.2 DEFINIÇÕES E TIPOS DE DELINEAMENTO DE EXPERIMENTOS

As principais definições e alguns dos tipos mais usuais de delineamento de experimentos são dados no Quadro 2.1 e Tabela 2.1.

Existem outros tipos que não são abordados nesta publicação.

QUADRO 2.1 DEFINIÇÕES

Delineamento de experimentos — é o plano formal para conduzir o experimento. Inclui a escolha dos fatores, níveis e tratamentos e número de réplicas.

Fator — É uma das causas (variáveis) cujos efeitos estão sendo estudados no experimento. Pode ser qualitativo ou quantitativo.

- Quantitativo - Ex.: temperatura em °C, tempo em minutos etc.
- Qualitativo - Ex.: diferentes operadores, diferentes máquinas, ligado ou desligado etc.

Níveis do fator — São os diferentes valores do fator que são escolhidos para o experimento.

- Para fator quantitativo — cada valor escolhido constitui um nível.
  Por exemplo, se o experimento for realizado com 3 tempos diferentes, cada tempo é um nível e o fator tempo tem 3 níveis.
- Para fator qualitativo — cada condição diferente escolhida para cada fator constitui um nível.
  Por exemplo, se o experimento for realizado com 2 máquinas operadas por 3 operadores, o fator máquina tem 2 níveis, e o fator operador, 3 níveis.

Tratamento — É um nível único assinalado para um fator durante um experimento. Exemplo: Temperatura de 450 °C.
Uma combinação de tratamentos é o conjunto de níveis para todos os fatores utilizados num determinado ensaio. Exemplo: ensaio usando operador João, máquina A e temperatura de 450 °C.

Ensaio — É cada realização do experimento em uma determinada combinação de tratamentos. O experimento é constituído pelo conjunto de todos os ensaios realizados nas diversas combinações de tratamentos, com as várias réplicas.

Réplicas — São as repetições de um experimento executadas nas mesmas condições experimentais.

Exemplo de fatores, números de níveis e tratamentos:
Experimento com 2 fatores (Operador e máquina), com os seguintes tratamentos:

Operador (3 níveis) - tratamentos:	1 - operador João;
	2 - operador Tiago;
	3 - operador Márcio.
Máquina (2 níveis) - tratamentos:	1 - máquina PXTO;
	2 - máquina LAMP.

TABELA 2.1 Tipos mais comuns de delineamentos de experimentos

Tipo	Quando utilizar	Como realizar os ensaios	O que se procura
Com um único fator e totalmente randômico	Usado quando estamos interessados em estudar cada vez os efeitos de apenas um fator.	– A ordem de realização dos ensaios é escolhida aleatoriamente (por sorteio). – As unidades experimentais são escolhidas também ao acaso. – Não existe blocagem.	1 – Estimativa dos efeitos dos tratamentos. 2 – Comparação entre os efeitos dos tratamentos. 3 – Estimativa da variância.
Fatorial (Com dois ou mais fatores)	Recomendado quando estamos interessados em estudar os efeitos de dois ou mais fatores, em vários níveis, e pode existir interação entre os fatores.	– São realizados ensaios para todas as combinações possíveis dos vários níveis de todos os fatores. – A ordem de realização dos ensaios e a escolha das unidades experimentais são ao acaso (por sorteio). – Não existe blocagem.	1 – Estimativa dos efeitos de vários fatores. 2 – Comparação entre os efeitos dos tratamentos, em vários níveis. 3 – Estimativa de interações entre os fatores. 4 – Estimativa da variância.
Fatorial com blocagem	Recomendado quando estamos interessados em estudar o efeito de um fator, mas existe uma certa variabilidade provocada por fontes perturbadoras conhecidas (ruídos).	– As fontes perturbadoras são divididas em blocos homogêneos (lotes, operadores, tempo etc.). – São feitos os ensaios para todos os níveis do fator em cada bloco. – A ordem de realização dos ensaios é determinada ao acaso (sorteio).	As mesmas que no experimento Fatorial (Nota: algumas interações de ordem mais alta estão confundidas com os blocos e não podem ser estimadas.)
2^p Fatorial	É um subtipo do experimento fatorial que é recomendado quando existem apenas dois níveis (alto e baixo ou presente e ausente) de cada fator	Igual ao experimento fatorial (Nota: cada fator tem apenas 2 níveis: – alto e baixo; ou – presente e ausente.)	Igual ao experimento fatorial

Quadrado latino	Recomendado quando estamos interessados em estudar os efeitos de um fator, porém os resultados dos ensaios podem ser afetados por dois outros fatores ou por duas fontes de não-homogeneidade e não existem indícios de interação entre os fatores.	– O número de tratamento do fator em estudo (letra latina) deve ser igual ao número de colunas ou de linhas. – O número de colunas é igual ao de linhas. – Cada tratamento da letra latina ocorre uma vez em cada linha e uma vez em cada coluna. – Existe blocagem dos outros dois fatores, que correspondem às linhas e colunas do quadrado.	1 – Estimativa dos efeitos dos tratamentos do fator em estudo, sem a influência dos fatores bloqueados. 2 – Comparação dos efeitos dos tratamentos do fator em estudo. 3 – Estimativa e comparação dos efeitos dos tratamentos dos fatores bloqueados. 4 – Estimativa da variância.
Operação evolutiva	Apropriado quando se deseja fazer os experimentos para otimizar a saída do processo sem parar a produção, a baixos custos e quando se dispõe de tempo e pode-se permitir algum risco de produto não-conforme. (Exemplo: Indústrias de processos.)	– Podem ser usados experimentos com um único fator, fatorial ou fatorial com blocagem. – Devem ser selecionados os fatores que mais influem na saída (em geral, dois ou três fatores). – Os níveis dos fatores são mudados com pequenos passos em torno do padrão de referência. – São calculados os efeitos após alguns ciclos e é estabelecido um novo padrão de referência. – Os níveis dos fatores são mudados em torno de novos padrões, indefinidamente, buscando-se a otimização da saída.	1 – Estimativa e comparação dos efeitos dos tratamentos dos fatores em estudo. 2 – Níveis dos tratamentos que otimizam a saída.

FONTE: Referência (2)

2.3 ANÁLISE DE VARIÂNCIA

O teste a ser usado para verificar se os tratamentos são diferentes é o teste "F" (da distribuição "F" de Snedecor), que é conhecido como análise de variância, porque vai comparar duas variâncias obtidas nos experimentos:

1 – Variância "dentro" dos tratamentos ou residual; e

2 – Variância "entre" os tratamentos.

VARIÂNCIA "DENTRO" DOS TRATAMENTOS OU RESIDUAL

Vamos imaginar que executamos *a* tratamentos, tendo obtido as seguintes variâncias:

1.º Tratamento: S_1^2

2.º Tratamento: S_2^2

....

a.º Tratamento: S_a^2

A variância residual é a média das variâncias dos tratamentos, dada pela expressão:

$$S_R^2 = \frac{S_1^2 + S_2^2 + \ldots + S_a^2}{a}$$

Esta é a melhor estimativa da variância de todos os tratamentos, pois a expectância de S_E^2 é:

$$E\,(S_R^2) = \sigma^2$$

VARIÂNCIA ENTRE OS TRATAMENTOS

Esta variância é calculada tomando-se as diferenças entre as médias dos tratamentos e a média global de todos os tratamentos $\bar{\bar{Y}}$, usando-se a seguinte expressão:

$$S_E^2 - \frac{n}{a-1}\sum_{i=1}^{a}(\bar{Y}_i - \bar{\bar{Y}})^2$$

Onde : $\bar{Y}$ – Média do tratamento i

$\bar{\bar{Y}}$ – Média global de todos os tratamentos

a – Número de tratamentos

n – Número de elementos em cada tratamento

(*Nota*: Para se chegar a esta expressão, devemos nos lembrar de que a variância das médias amostrais é dada por:

$$S_{\bar{Y}}^2 = \frac{\sum_{i=1}^{a}(\bar{Y}_i - \bar{\bar{Y}})^2}{a-1}$$

Além disso, pelo Teorema do Limite Central sabemos que a média das amostras com n elementos retiradas de uma população (com média μ e desvio padrão σ), tem distribuição que tende para uma Normal, com mesma média da população e variância $\sigma_{\bar{Y}}^2 = \sigma^2/n$, quando n cresce.)

Vamos mostrar no capítulo seguinte que, **se não houver diferença entre os tratamentos**, então:

$\mathbf{S}_R^2$ e $\mathbf{S}_E^2$ estimarão σ^2

No entanto, **se houver diferença entre os tratamentos**:

$\mathbf{S}_R^2$ – continuará a estimar σ^2

$\mathbf{S}_E^2$ – tenderá a superestimar σ^2

Exemplo 3:

Num experimento de engorda de frangos, foram utilizados 4 tipos de ração. Cada lote experimental era composto de 5 pintinhos, com a mesma idade (15 dias) e praticamente o mesmo peso. Cada lote recebeu um tipo diferente de ração, durante 40 dias seguidos. As massas (em gramas) do frango no final do experimento, são dadas na tabela a seguir. Informar se existem evidências de que as rações são diferentes.

Frango (j)	Ração (i)			
	A	B	C	D
1	1.320	1.270	1.540	1.470
2	1.540	1.420	1.770	1.320
3	1.310	1.600	1.920	1.210
4	1.470	1.520	1.820	1.350
5	1.420	1.320	1.620	1.550
Médias - $\bar{Y}i$	1.412	1.426	1.734	1.380
Variância - S_i^2	9.670	18.680	23.480	17.600

A variância residual ("dentro" dos tratamentos) é:

$$S_R^2 = \frac{S_A^2 + S_B^2 + S_C^2 + S_D^2}{4} = \frac{9.670 + 18.680 + 23.480 + 17.600}{4} = 17.357{,}5$$

A média global de todos os elementos é:

$$\bar{\bar{Y}} = \frac{\sum_{i=1}^{4} \bar{Y}_i}{4} = \frac{1.412 + 1.426 + 1.734 + 1.380}{4} = 1.488$$

A variância "entre" os tratamentos é:

$$S_E^2 = \frac{5}{4-1} \cdot [(1.412 - 1.488)^2 + (1.426 - 1.488)^2 + (1.734 - 1.488)^2 + $$
$$+ (1.380 - 1.488)^2]$$

$$\therefore S_E^2 = \frac{5}{3}(5.776 + 3.844 + 60.516 + 11.664) = 136.333$$

Conforme se pode observar, as variâncias "entre" e "dentro" dos tratamentos são muito diferentes e os tratamentos não são iguais. Isto significa que os efeitos das rações são diferentes.

Para confirmarmos esta afirmativa, devemos efetuar o teste "F", que será visto no próximo capítulo.

EXERCÍCIOS PROPOSTOS

1 – Escolher um processo problemático ou no qual exista interesse da sua organização em melhorar o seu desempenho.

a) Informar qual é o processo e quais os motivos para melhorá-lo.

b) Determinar: Entradas, fatores controláveis, fatores não controláveis e saída.

c) Delinear um experimento para otimização da saída informando que fatores serão controlados e os níveis e tratamentos de cada fator.

2 – Uma empresa está interessada em reduzir o tempo de processamento de certo processo. Para isto, utilizou 5 procedimentos diferentes, que foram cumpridos por equipes compostas por 4 pessoas escolhidas ao acaso.

Os tempos de processamento (em minutos) obtidos pelas equipes foram:

Pessoa	Procedimento				
	A	B	C	D	E
João	328	354	329	328	351
Tiago	344	354	339	311	342
Marcos	353	369	351	312	359
Pedro	329	361	343	315	338

a) Calcular a variância residual dos tratamentos.

b) Calcular a variância “entre” os tratamentos.

c) Informar se existem evidências de que os procedimentos têm tempos diferentes de processamento.

Respostas: a) 86,33; b) 990,00; c) Sim, há evidências.

3 – Uma empresa está interessada em aumentar a produção diária de certo produto utilizando novas máquinas. Para isto, fez uma série de testes com 4 máquinas disponíveis, usando 3 operadores diferentes.

As produções semanais de itens foram:

Operador	Máquina			
	1	2	3	4
A	5.161	5.525	5.771	5.519
B	5.022	5.429	5.997	5.515
C	5.117	5.598	5.853	5.453

a) Calcular a variância residual dos tratamentos (máquinas).

b) Calcular a variância “entre” os tratamentos.

c) Informar se existem evidências de que as produtividades das máquinas são diferentes. Alguma delas é melhor do que as outras?

3 EXPERIMENTOS COM UM ÚNICO FATOR E COMPLETAMENTE ALEATORIZADOS

3.1 INTRODUÇÃO

O experimento com um único fator é o tipo mais simples de experimento. Neste caso, estamos interessados em saber se existe influência de um determinado fator nos resultados do processo, sendo os outros fatores mantidos nos mesmos níveis conhecidos. O experimento vai, então, ser desenvolvido variando-se apenas esse fator no qual estamos interessados.

É necessário que o experimento seja executado numa ordem aleatória e que o ambiente seja o mais uniforme possível. Assim, o experimento é chamado de completamente randômico ou aleatorizado.

Podemos adotar um dos dois modelos: Efeitos fixos ou efeitos aleatórios.

MODELO DE EFEITOS FIXOS

Neste caso, o engenheiro da qualidade ou pesquisador escolhe a *priori* o fator e os seus níveis a serem utilizados no experimento.

As conclusões obtidas no experimento, então, só são válidas para os níveis escolhidos daquele fator específico, não podendo ser estendidas a outros níveis ou fatores. Por exemplo, o fator selecionado por um pesquisador foi a mão-de-obra e ele resolveu fazer o experimento com 4 níveis: Operadores João, Marcos, José e Carlos. Obviamente, as conclusões obtidas só se aplicam a estes operadores e não devem ser extrapoladas para outros elementos.

MODELO DE EFEITOS ALEATÓRIOS

Neste caso, os níveis do fator são escolhidos ao acaso (por sorteio), dentre uma grande população de níveis.

As conclusões obtidas no experimento, então, podem ser estendidas a todos os níveis do fator, mesmo que não tenham sido objeto de ensaios. Por exemplo, o pesquisador estava interessado em conhecer a influência do fator mão-de-obra nos resultados do processo e, como existiam muitos operadores, resolveu sortear aqueles que seriam utilizados nos ensaios. Assim, as conclusões do experimento podem ser aplicadas a todos os operadores envolvidos no processo, porque houve aleatoriedade na escolha daqueles que foram utilizados no experimento.

Os tratamentos estatísticos são ligeiramente diferentes para os dois modelos. Isto será visto nos próximos itens.

3.2 MODELO DE EFEITOS FIXOS

3.2.1 EXPERIMENTOS COM MESMO NÚMERO DE RÉPLICAS NOS TRATAMENTOS

Vamos considerar que existem "a" níveis do fator (ou a tratamentos) cujos efeitos devem ser investigados. O processo é, então, executado n vezes para cada um desses níveis e as respostas ou saídas são registradas.

Observe-se que cada repetição do ensaio no mesmo tratamento constitui uma réplica e, agora, o número de réplicas (n) é mantido constante em cada um dos tratamentos.

A resposta para cada um dos *a* tratamentos é uma variável aleatória. O seguinte modelo estatístico linear é adotado para descrever as observações:

$$Y_{ij} = \mu + \tau_i + \varepsilon_{ij}, \ (i = 1, 2 \ldots a; \quad j = 1, 2 \ldots n)$$

Onde: Y_{ij} – resposta obtida no tratamento (i), para a réplica (j);
μ – média global, comum a todos os tratamentos;
τ_i – parâmetro único do tratamento i, chamado de "efeito do tratamento i";
ε_{ij} – componente do erro aleatório;
a – número de tratamentos; e
n – número de réplicas por tratamento.

Por hipótese, os erros do modelo (ε_{ij}) são assumidos como tendo distribuição Normal, com média zero e variância σ^2. Assume-se, também, que σ^2 é constante para todos os níveis do fator.

Os efeitos do tratamento τ_i são geralmente definidos como desvios da média global μ. Desta forma, temos:

$$\sum_{i=1}^{a} \tau_i = 0$$

Para cada tratamento (i) temos:

$$E(Y_{ij}) = \mu_i = \mu + \tau_i; \quad i = 1, 2, \ldots, a$$
$$\text{Variância de } Y_{ij} = \sigma^2$$

O nosso propósito é descobrir se existe diferença entre os tratamentos. Para isto, realizamos o teste de hipóteses da igualdade das médias dos tratamentos, isto é:

$$H_0: \mu_1 = \mu_2 = \ldots = \mu_a$$
H_1: $\mu_k \neq \mu_w$, para pelo menos 1 par de tratamentos (k,w).

Onde: $\mu_1, \mu_2, \ldots, \mu_a$ - são as médias populacionais dos a tratamentos.
μ_k e μ_w - são as médias de 2 tratamentos quaisquer, dentre os a existentes.

Observe-se que, se H_0 for verdadeiro, então todos os tratamentos têm a mesma média ($\mu_1 = \mu_2 = \ldots = \mu_a$). Ou seja, não existe diferença estatisticamente significativa entre os tratamentos. Isto é equivalente a:

$$H_0: \tau_1 = \tau_2 = \ldots = \tau_a = 0$$

$$H_1: \tau_i \neq 0 \text{ para pelo menos 1(um) i.}$$

Desta forma, sendo verdadeira a hipótese H_0, cada tratamento apresenta a mesma média μ e uma variância σ^2 que é devida aos efeitos dos fatores não controláveis do experimento.

TEOREMA

Se H_0 for verdadeira, isto é, se os tratamentos forem iguais (sem influência do nível do fator testado), então qualquer variância amostral "dentro do tratamento" ou "entre os tratamentos" estimará σ^2 (variância do processo).

Se, no entanto, H_0 for falsa, havendo diferença entre os tratamentos, então a variância "entre os tratamentos" será maior que a variância do processo ($\sigma_E^2 > \sigma^2$), mas a variância dentro dos tratamentos (S_R^2) continuará a estimar σ^2.

Resumo do teorema:

Se H_0 for verdadeira:

As variâncias "dentro" e "entre" os tratamentos estimarão σ^2:

$$\sigma_E^2 = \sigma^2_R = \sigma^2$$

Se H_0 for falsa:

A variância "entre" os tratamentos será maior do que σ^2, porém a variância "dentro" continuará a estimar σ^2:

$$\sigma_E^2 > \sigma^2$$

$$\sigma^2_R = \sigma^2$$

Assim, o procedimento adequado para testar a igualdade das médias de todos os tratamentos é a análise de variância, usando-se o teste "F" de Snedecor, que é apresentado a seguir.

TESTE DE HIPÓTESES

Para a comparação das variâncias "entre os tratamentos" e "dentro dos tratamentos", fazemos:

$$H_0: \sigma_E^2 = \sigma^2_R \text{ (Não existe diferença entre os tratamentos)}$$

$$H_1: \sigma_E^2 > \sigma^2_R \text{ (Existe diferença entre os tratamentos)}$$

A variável de teste é a estatística "F" de Snedecor, assim calculada:

$$F_{calc} = S_E^2 / S_R^2$$

Este valor deve ser comparado com o F_{crit} ("F" critico) obtido para o nível de significância α, com os seguintes graus de liberdade:

Numerador: $\phi_1 = (a - 1)$

Denominador: $\phi_2 = a \cdot (n - 1)$

Sendo: a — n. de tratamentos

n — n. de elementos em cada tratamento.

A REGRA DE DECISÃO, AO NÍVEL α DE SIGNIFICÂNCIA

Se: $F_{calc} \leq F_{crit} \rightarrow$ Aceitar H_0

Não existe diferença entre os tratamentos.

Se: $F_{calc} > F_{crit} \rightarrow$ Rejeitar H_0

Existe diferença entre os tratamentos.

O procedimento computacional é dado a seguir.

Relembra-se que os ensaios devem ser realizados numa ordem aleatória (por sorteio) para que o experimento seja chamado de completamente randômico.

PROCEDIMENTO COMPUTACIONAL

Inicialmente, devemos elaborar uma tabela e preenchê-la com os resultados obtidos nos ensaios. Em seguida, devemos efetuar os cálculos para obtenção dos valores e médias de interesse. Isto pode ser visto na tabela a seguir.

Tabela 3.1 Dados para um experimento com único fator

Elemento (j)		Tratamento (i)						
		1	2	3	·	·	a	
1		Y_{11}	Y_{21}	Y_{31}	·	·	Y_{a1}	
2		Y_{12}	Y_{22}	Y_{32}	·	·	Y_{a2}	
3		Y_{13}	Y_{23}	Y_{33}	·	·	Y_{a3}	
·		·	·	·	·	·	·	Valores e médias globais
n		Y_{1n}	Y_{2n}	Y_{3n}	·	·	Y_{an}	
A – Somatórios	T_i	T_1	T_2	T_3	·	·	T_a	$T = \sum_{i=1}^{a} T_i$
B – Médias	$\bar{Y}_i = \frac{T_i}{n}$	$\bar{Y}_1$	$\bar{Y}_2$	$\bar{Y}_3$	·	·	$\bar{Y}_a$	$\bar{\bar{Y}} = \left(\sum_{i=1}^{a} \bar{Y}_i\right)/a = \frac{T}{a \cdot n}$
C – Quadrados dos somatórios	T_i^2	T_1^2	T_2^2	T_3^2	·	·	T_a^2	$\sum_{i=1}^{a} T_i^2$
D – Soma dos quadrados dos elementos	Q_i	Q_1	Q_2	Q_3	·	·	Q_a	$Q = \sum_{i=1}^{a} Q_i$

Para melhor explicar, os valores do tratamento 1 foram assim obtidos:

a) $T_1 = Y_{11} + Y_{12} + Y_{13} + \ldots + Y_{1n} = \sum_{j=1}^{n} Y_{1j}$

b) $\bar{Y}_1 = T_1/n$

c) $T_1^2 = T_1 \cdot T_1$

d) $Q_1 = Y_{11}^2 + Y_{12}^2 + \ldots + Y_{1n}^2$

Os valores e médias globais são obtidos como indicado na tabela.

Cálculo da variância "entre" os tratamentos (S_2^E)

S_E^2 é a variância das médias dos tratamentos ($\bar{Y}_i$) em relação à média global $\bar{\bar{Y}}$:

$$S_E^2 = \frac{n}{a-1}\sum_{i=1}^{a}(\bar{Y}_i - \bar{\bar{Y}})^2$$

Daí vem:

$$S_E^2 = \frac{n}{a-1}\sum_{i=1}^{a}(\bar{Y}_i^2 - 2\bar{Y}_i\bar{\bar{Y}} + \bar{\bar{Y}}^2) = \frac{n}{a-1}\left(\sum_{i=1}^{a}\bar{Y}_i^2 - 2\bar{\bar{Y}}\sum_{i=1}^{a}\bar{Y}_i + \sum_{i=1}^{a}\bar{\bar{Y}}^2\right)$$

Como $\sum_{i=1}^{a}\bar{Y}_i = a \cdot \bar{\bar{Y}}$; e $\sum_{i=1}^{a}\bar{\bar{Y}}^2 = a\bar{\bar{Y}}^2$, vem

$$S_E^2 = \frac{n}{a-1}\left(\sum_{i=1}^{a}\bar{Y}_i^2 - 2a\bar{\bar{Y}}^2 + a\bar{\bar{Y}}^2\right) = \frac{n}{a-1}\left(\sum_{i=1}^{a}\bar{Y}_i^2 - a\bar{\bar{Y}}^2\right)$$

Observando-se a tabela, podemos concluir que:

$$\bar{Y}_i^2 = \left(\frac{T_i}{n}\right)^2 \therefore \sum_{i=1}^{a}\bar{Y}_i^2 = \sum_{i=1}^{a}\frac{T_i^2}{n^2} = \frac{\Sigma T_i^2}{n^2}$$

$$(\bar{\bar{Y}})^2 = \left(\frac{T}{a \cdot n}\right)^2 = \frac{T^2}{(a \cdot n)^2}$$

Substituindo-se esses valores na expressão de S_E^2, dada acima, vem:

$$S_E^2 = \frac{1}{a-1}\left[n \cdot \frac{\sum_{i=1}^{a}T_i^2}{n^2} - a \cdot n \cdot \frac{T^2}{(a \cdot n)^2}\right] = \frac{1}{a-1}\left(\frac{\sum_{i=1}^{a}T_i^2}{n} - \frac{T^2}{a \cdot n}\right)$$

Definindo-se SQE como:

$$\text{SQE} = \text{Soma dos quadrados entre os tratamentos} = \left(\frac{\sum_{i=1}^{a}T_i^2}{n} - \frac{T^2}{a \cdot n}\right)$$

Vem: $S_E^2 = \dfrac{SQE}{a-1}$

Cálculo da variância "dentro" dos tratamentos (S_R^2)

$$S_R^2 = \frac{S_1^2 + S_2^2 + \ldots + S_a^2}{a} = \frac{1}{a} \cdot \sum_{i=1}^{a}\sum_{j=1}^{n} \frac{(Y_{ij} - \bar{Y}_i)^2}{n-1}$$

$$= \frac{1}{a(n-1)} \sum_{i=1}^{a}\sum_{j=1}^{n} (Y_{ij}^2 - 2Y_{ij}\bar{Y}_i + \bar{Y}_i^2)$$

$$= \frac{1}{a(n-1)} \left[\sum_{i=1}^{a}\sum_{j=1}^{n} (Y_{ij}^2) - n\sum_{i=1}^{a} (\bar{Y}_i^2) \right]$$

Ora, pode-se observar na tabela que:

$$Q = \sum_{i=1}^{a}\sum_{j=1}^{n} Y_{ij}^2; \quad e$$

$$\sum_{i=1}^{a} (\bar{Y}_i^2) = \sum_{i=1}^{a} \left(\frac{T_i}{n} \right)^2 = \frac{1}{n^2} \sum_{i=1}^{a} T_i^2$$

Substituindo-se as expressões acima na expressão de S_R^2, vem:

$$S_R^2 = \frac{1}{a(n-1)} \left[Q - \frac{1}{n} \sum_{i=1}^{a} T_i^2 \right]$$

Definindo-se SQR como:

$$SQR = \text{soma dos quadrados residuais} = Q - \frac{1}{n} \sum_{i=1}^{a} T_i^2$$

Vem: $$S_R^2 = \frac{SQR}{a(n-1)}$$

Cálculo da variância total (S_T^2)

A variância total é aquela variância de todos os dados dos tratamentos em relação à média global dos tratamentos:

$$S_T^2 = \frac{\sum_{i=1}^{a}\sum_{j=1}^{n} (Y_{ij} - \bar{\bar{Y}})^2}{a \cdot n - 1}$$

Se definirmos SQT como:

$$SQT = \text{Soma dos quadrados totais} = Q - T^2/(a \cdot n)$$

Podemos demonstrar, de maneira similar, que:

$$S_T^2 = \frac{SQT}{a \cdot n - 1}$$

Observando-se as expressões de SQT, SQE e SQR, podemos concluir que:

$$SQT = SQE + SQR$$

Podemos, agora, elaborar a tabela de análise de variância ou ANOVA, que é dada na Tabela 3.2.

Tabela 3.2 Tabela de análise de variância

Fonte de variação	Soma dos quadrados	Graus de liberdade	Quadrados médios	F_{calc}
Entre	SQE	a – 1	$S_E^2 = \frac{SQE}{a-1}$	$F_{calc} = \frac{S_E^2}{S_R^2}$
Residual dentro	SQR	a · (n – 1)	$S_R^2 = \frac{SQR}{a \cdot (n-1)}$	
Total	SQT	a n – 1		

Tabela 3.3 Resumo da formulação utilizada

$S_E^2 = \frac{SQE}{a-1}$	$SQE = \frac{\sum_{i=1}^{a} T_i^2}{n} - \frac{T^2}{a \cdot n}$
$S_R^2 = \frac{SQR}{a(n-1)}$	$SQR = Q - \frac{\sum_{i=1}^{a} T_i^2}{n}$
$S_T^2 = \frac{SQT}{a \cdot n - 1}$	$SQT = Q - \frac{T^2}{a \cdot n}$

Conforme visto, após se estabelecer o nível de significância (α), determina-se o F_{crit}, na tabela "F" de Snedecor, com:

Numerador: $\phi_1 = (a - 1)$

Denominador: $\phi_2 = a \cdot (n - 1)$

REGRA DE DECISÃO, AO NÍVEL α DE SIGNIFICÂNCIA

$F_{calc} \leq F_{crit}$ → Aceita-se H_0

Ou seja, não existe diferença entre os tratamentos.

$F_{calc} > F_{crit}$ → Rejeita-se H_0

Ou seja, existe diferença entre os tratamentos.

Exemplo 1:

Verificar se os tratamentos do exemplo 3 do capítulo anterior são diferentes, usando-se α = 1%.

Solução:

No caso, foram utilizados 4 tipos de ração para engorda de frangos e os resultados são dados na tabela a seguir. As hipóteses são:

H_0: $\mu_A = \mu_B = \mu_C = \mu_D$

H_1: Pelo menos 2 médias de tratamentos são diferentes.

Frango (j)		Ração (i)				
		A	B	C	D	
1		1.320	1.270	1.540	1.470	
2		1.540	1.420	1.770	1.320	
3		1.310	1.600	1.920	1.210	
4		1.470	1.520	1.820	1.350	Valores e médias globais
5		1.420	1.320	1.620	1.550	
Somatórios	T_i	7.060	7.130	8.670	6.900	T = 29.760
Médias	$\bar{Y}_i$	1.412	1.426	1.734	1.380	$\bar{\bar{Y}}$ = 1.488
Quadrados	T_i^2	49.843.600	50.836.900	75.168.900	47.610.000	$\sum T_i^2$ = 223.459.400
Soma dos quadrados dos elementos	Qi	10.007.400	10.242.100	15.127.700	9.592.400	Q = 44.969.600

$a = 4;\ n = 5$

$$SQT = Q - T^2 / a \cdot n = 44.969.600 - \frac{29.760^2}{4 \times 5} = 686.720$$

$$SQE = \frac{\Sigma T_i^2}{n} - \frac{T^2}{a \cdot n} = \frac{223.459.400}{5} - \frac{29.760^2}{4 \times 5} = 409.000$$

$$SQR = Q - \frac{\Sigma T_i^2}{n} = 44.969.600 - \frac{223.459.400}{5} = 277.720$$

$$SQE + SQR = 409.000 + 277.720 = 686.720 = SQT \quad \text{c.q.d.}$$

Tabela de ANOVA				
Fonte de variação	**Soma dos quadrados**	**Graus de liberdade**	**Quadrados médios**	F_{calc}
Entre	SQE = 409.000	4 – 1 = 3	S_E^2 = 136.333,3	F_{calc} = 7,85
Residual	SQR = 277.720	4 × (5 – 1) = 16	S_R^2 = 17.357,5	
Total	SQT= 686.720	4 × 5 – 1 = 19		

Na tabela "F", com α *=1%, numerador = 3 e denominador = 16, obtém-se:*

$F_{crit} = 5.29$

REGRA DE DECISÃO

$F_{calc} \rightarrow \quad (7.85) > F_{crit}\ (5.29)$

Conclusão: Rejeita-se H_0. Existe diferença entre os tratamentos e as rações são diferentes, com 99% de confiança.

Exemplo 2:

Existem 3 equipes de trabalho em uma certa empresa fazendo tarefas similares. As produções mensais de 5 pessoas de cada equipe são dadas na tabela abaixo. Verificar se existem diferenças entre as equipes usando-se nível de significância de 5%.

Solução:

Pessoa (j)		Equipe (i)			
		A	B	C	
1		550	540	528	
2		568	579	571	
3		537	553	530	
4		541	545	510	Valores e médias globais
5		553	599	492	
Somatórios	T_i	2.749	2.816	2.631	T = 8.196
Médias	$\bar{Y}_i$	549,8	563,2	526,2	$\bar{\bar{Y}}$ = 546,4
Quadrados	T_i^2	7.557.001	6.922.161	6.922.161	$\sum T_i^2$ = 22.409.018
Soma dos quadrados dos elementos	Qi	1.511.983	1.588.476	1.387.889	Q = 4.488.348

$$a = 3; \quad n = 5; \quad T^2 = 8.196^2 = 67.174.416$$

$$SQT = Q - T^2/a \cdot n = 4.488.348 - \frac{67.174.416}{15} = 10.053,6$$

$$SQE = \frac{\sum_{i=1}^{3} T_i^2}{n} - \frac{T^2}{a \cdot n} = \frac{22.409.018}{5} - \frac{67.174.416}{15} = 3.509,2$$

$$SQR = Q - \frac{\sum_{i=1}^{3} T_i^2}{n} = 4.488.348 - \frac{22.409.018}{5} = 6.544,4$$

Verificação:

$$SQE + SQR = 3.509,2 + 6.544,4 = 10.053,6 \text{ c.q.d.}$$

Daí foi preenchido o quadro de ANOVA da página seguinte.

Na tabela "F" com: α = 5%; Numerador = 2; Denominador = 12, vem:

$$F_{crit} = 3{,}89$$

Usando-se a regra de decisão, vem:

$$F_{calc}\ (= 3{,}22) < F_{crit}\ (= 3{,}89)$$

Portanto, aceita-se H_0. Não se pode considerar que existam diferenças entre as equipes, com 95% de confiança.

Tabela de ANOVA				
Fonte de variação	Soma dos quadrados	Graus de liberdade	Quadrados médios	F_{calc}
Entre	SQE = 3.509,2	3 – 1 = 2	$S_E^2 = \frac{3.509,2}{2} = 1.754,6$	$F_{calc} = \frac{1.754,6}{545,4} = 3,22$
Residual	SQR = 6.544,4	3(5 – 1) = 12	$S_R^2 = \frac{6.544,4}{12} = 545,4$	
Total	SQT = 10.053,6	3 × 5 – 1= 14		

3.2.2 COMPARAÇÕES MÚLTIPLAS PARA TRATAMENTOS COM MESMO NÚMERO DE RÉPLICAS

Quando existem diferenças entre os tratamentos, isto é, quando a hipótese H_0 é rejeitada após a análise de variância, então sabemos que pelo menos um dos tratamentos é diferente dos demais. Resta saber qual ou quais são diferentes.

Existem vários métodos para solucionar essa questão:

- Teste "T" ou LSD de Fisher
- Teste de Tukey
- Teste de Duncan
- Teste de Bonferroni

Neste capítulo são apresentados os testes "T" (que é o mais simples) e o de Duncan (que é o de uso preferido pelos autores das principais referências bibliográficas).

TESTE "T" OU LSD DE FISHER

O teste "T" é método mais comum e simples para se comparar as médias dos tratamentos, tomadas duas a duas.

A diferença mínima significativa (dms) entre duas médias amostrais é dada pela expressão:

$$\text{dms} = (t_{a\cdot(n-1);\ \alpha/2}) \cdot \sqrt{\frac{2 \cdot S_R^2}{n}}$$

Onde: $t_{(a\,\cdot\,(n-1);\ a/2)}$ – retirado da tabela da distribuição de "t"
α – Nível de significância do experimento
S_R^2 – Variância residual ("dentro" dos tratamentos)
n – número de réplicas por tratamento

O intervalo (1 - α)% das diferenças das duas médias pode ser descrito da seguinte forma:

$$(\bar{Y}_w - \bar{Y}_k) - dms \leq (\mu_w - \mu_k) \leq (\bar{Y}_w - \bar{Y}_k) + dms$$

Onde: μ_w — média da população do tratamento w
μ_k — média da população do tratamento k
$\bar{Y}_w$ — média amostral do tratamento w
$\bar{Y}_k$ — média amostral do tratamento k

Se os tratamentos forem iguais, então: $\mu_w - \mu_k = 0$

Daí vem:

$$|\bar{Y}_w - \bar{Y}_k| \leq dms$$

O teste será, então, efetuado da seguinte forma:

$$H_0: \mu_w = \mu_k$$
$$H_1: \mu_w \neq \mu_k$$

para quaisquer pares de valores w e k dentre os tratamentos.

REGRA DE DECISÃO

$|\bar{Y}_w - \bar{Y}_k| \leq dms \rightarrow$ Aceitar H_0
$|\bar{Y}_w - \bar{Y}_k| > dms \rightarrow$ Rejeitar H_0

sendo: $$dms = (t_{a\cdot(n-1);\ \alpha/2}) \cdot \sqrt{\frac{2 \cdot S_R^2}{n}}$$

Desta forma, deveremos testar as diferenças das médias de todos os tratamentos, tomadas duas a duas. Se todas estas forem menores do que dms, então não haverá diferenças entre os tratamentos.

Exemplo 3:

Verificar quais são os tratamentos diferentes do exemplo 1, usando-se α = 1%

Solução:

Tínhamos, no exemplo 1:

$a = 4; \quad n = 5; \quad S_R^2 = 17.357{,}5;$

$\bar{Y}_A = 1.412; \quad \bar{Y}_B = 1.426; \quad \bar{Y}_C = 1.734; \quad \bar{Y}_D = 1.380$

Daí vem: $a \cdot (n - 1) = 4 \times 4 = 16$

Na tabela "t", para teste unilateral, obtém-se: $t_{(16;\ 0,5\%)} = 2{,}921$

(Observe-se que poderíamos também utilizar a tabela para o teste bilateral. Neste caso deveríamos entrar com α =1% e obteríamos o mesmo valor de "t".)

$$\therefore dms = 2.921 \times \sqrt{\frac{2 \times 17.357{,}5}{5}} = 243{,}39$$

Podemos, agora, colocar as médias obtidas em cada tratamento em ordem crescente e comparar os vários pares de médias. Temos, então:

$$\bar{Y}_A - \bar{Y}_D = 1.412 - 1.380 = 32 < dms$$

$$\bar{Y}_B - \bar{Y}_A = 1.426 - 1.412 = 14 < dms$$

$$\bar{Y}_B - \bar{Y}_D = 1.426 - 1.380 = 46 < dms$$

$$\bar{Y}_C - \bar{Y}_B = 1.734 - 1.426 = 308 > dms$$

Conclusão:

Não existem diferenças entre os tratamentos A, B e D, porém o tratamento C é diferente de todos os outros.

Ou seja, a ração C é melhor do que as outras.

Isto pode ser visualizado na figura a seguir.

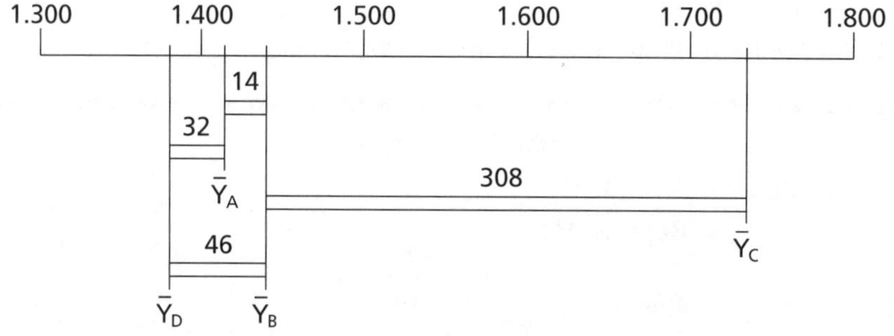

Um problema que existe com este teste, é que o erro tipo I pode aumentar significativamente, quando o número de tratamentos (a) é grande.

Existem dois níveis de significância neste teste: o do experimento e o das comparações múltiplas. Vamos imaginar que queremos comparar um experimento com 4 tratamentos A, B, C, e D. Teremos então C_4^2 comparações, ou seja 6 comparações:

A - B; B - C;
A - C; B - D;
A - D; C - D.

Assim, se tivéssemos 10 experimentos, o número total de comparações seria de 4 × 10 = 40.

Quando o número de comparações é grande, o erro tipo I cresce, aumentando o risco de rejeitarmos a hipótese nula quando não existe diferença entre os tratamentos. Assim, para que o nível de significância do experimento seja mantido, deveria haver redução do nível de significância das comparações múltiplas.

O teste de Bonferroni faz isto, usando nível de significância de (α/a) nas comparações múltiplas. Porém, apesar de ser melhor do que o teste T, apresenta ainda um pequeno erro.

MÉTODO DE DUNCAN

Este método foi desenvolvido por Duncan em 1955 e é usado amplamente para as comparações de todos os pares de médias. Inicialmente, devemos ordenar as médias em ordem crescente (ou decrescente) e obter as diferenças entre elas, duas a duas, iniciando-se pelos valores extremos.

Estas diferenças devem ser comparadas com a diferença mínima significativa de Duncan. Se forem menores ou iguais, não é preciso comparar as médias do meio do intervalo considerado.

O desvio padrão das médias dos tratamentos é dado por: $S_{\bar{Y}_i} = \sqrt{\frac{S_R^2}{n}}$.

A d.m.s. (diferença mínima significativa) de Duncan para a diferença entre duas médias quaisquer é dada por:

$$dms_p = [r_{(\alpha;\, p;\, f)}] \cdot \sqrt{\frac{S_R^2}{n}}$$

Onde: $r_{(\alpha;\, p;\, f)}$ — retirado da tabela de amplitudes significativas para o método de Duncan.

α — Nível de significância do experimento

p — Número de médias internas à comparação incluindo os extremos (p = 2,3...a)

f — Número de graus de liberdade do erro residual

$S_{\bar{Y}i}$ — Desvio padrão das médias dos tratamentos

S_R^2 — Variância residual ("dentro" dos tratamentos)

n — Número de elementos (réplicas) por tratamento

REGRA DE DECISÃO

$|\bar{Y}_w - \bar{Y}_k| \le dms_p \rightarrow$ Não existe diferença entre as médias w e k. Não há diferença entre os tratamentos w e k.

$|\bar{Y}_w - \bar{Y}_k| > dms_p \rightarrow$ Existe diferença entre as médias w e k. Há diferença entre os tratamentos w e k.

Exemplo 4:

Aplicar o método de Duncan para os dados do exemplo 1 usando α = 1%. No exemplo tínhamos:

a = 4; n = 5

$\bar{Y}_A$ = 1.412; $\bar{Y}_B$ = 1.426; $\bar{Y}_C$ = 1.734; $\bar{Y}_D$ = 1.380

S_R^2 = 17.357,5; f = 16

Solução:

f = graus de liberdade do erro residual = 16 (ver quadro de ANOVA do exemplo 1).

Na tabela de Duncan, obtém-se:

Intervalo com 2 médias: $r_{(1\%;\,2;\,16)} = 4{,}13$
Intervalo com 3 médias: $r_{(1\%;\,3;\,16)} = 4{,}34$
Intervalo com 4 médias: $r_{(1\%;\,4;\,16)} = 4{,}45$

Daí vem:

$$S_{\bar{Y}_i} = \sqrt{\frac{17.357{,}5}{5}} = 58{,}919$$

$$dms_2 = 4{,}13 \times 58{,}919 = 243{,}34$$
$$dms_3 = 4{,}34 \times 58{,}919 = 255{,}71$$
$$dms_4 = 4{,}45 \times 58{,}919 = 262{,}19$$

As médias devem ser comparadas duas a duas. Para menor trabalho, devemos observar a figura a seguir e verificar que é melhor começar comparando-se C com B.

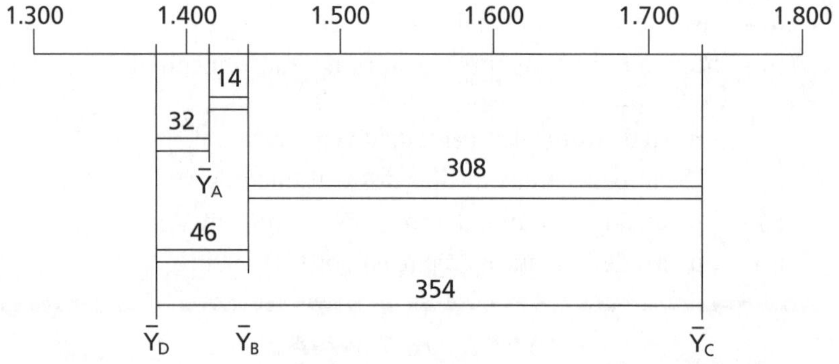

(Nota: *figura fora de escala*)

$p = 2$: $\bar{Y}_C - \bar{Y}_B = 308 > dms_2\ (= 243{,}34)$
∴ C e B são diferentes.

Logo, não precisamos comparar C com A e D.

$P = 3$: $\bar{Y}_B - \bar{Y}_D = 46 < dms_3\ (=255{,}71)$
∴ Não existe diferença.

Logo, também não existem diferenças entre (B e A) e (A e D).

Conclusão:

As rações poderiam ser divididas em 2 grupos:

1 – Ração C: *é a melhor de todas.*

2 – Rações A, B e D: são equivalentes entre si e piores do que *a* C.

VANTAGEM DO MÉTODO DE DUNCAN

O método de Duncan é muito efetivo para detectar diferenças entre duas médias, dentre as várias existentes, quando o teste F indicar que existe diferença entre as médias em geral e não sabemos quais são os tratamentos diferentes.

Se o nível do experimento é α, então os testes das diferenças das médias têm nível de significância maior ou igual a α, o que torna o método mais sensível à detecção de diferenças entre duas médias.

3.2.3 EXPERIMENTOS COM NÚMEROS DIFERENTES DE RÉPLICAS NOS TRATAMENTOS

Em certas ocasiões, o número de elementos é diferente em cada tratamento:

Tratamento 1: n_1 elementos

Tratamento 2: n_2 elementos

....

Tratamento a: n_a elementos

Neste caso, a formulação desenvolvida no capítulo anterior deve sofrer algumas modificações, para levar em conta este fato, porém o processo de análise de variâncias continua basicamente o mesmo, como é visto em seguida.

PROCEDIMENTO COMPUTACIONAL.

Como no caso do capítulo anterior, devemos elaborar uma tabela, preenchê-la com os resultados obtidos nos experimentos e, depois, efetuar os cálculos para obtermos os somatórios e médias de interesse. Isto pode ser visto na Tabela 3.4.

Para melhor explicar, os valores do tratamento 1 foram assim obtidos:

a) $T_1 = Y_{11} + Y_{12} + Y_{13} + \ldots + Y_{1n_1} = \sum_{j=1}^{n_1} Y_{1j}$;

b) n_1 = dado do problema;

c) $\bar{Y}_1 = T_1/n_1$;

d) T_1^2/n_1;

e) $Q_1 = Y^2_{11} + Y^2_{12} + \ldots + Y^2_{1ni}$

Os valores e médias são obtidos como indicados na tabela.

Observe-se que existe um n_i diferente para cada tratamento i. Assim, o número total de elementos de todos os tratamentos (N) é dado por:

$$N = \sum_{i=1}^{a} n_i$$

Além disso,

$$N \neq a \cdot n$$

Tabela 3.4 Dados para um experimento com único fator e tratamentos com números diferentes de elementos

Elemento (j)		Tratamento (i)						Valores e médias globais
		1	2	.	i	.	a	
1		Y_{11}	Y_{21}	.	Y_{i1}	.	Y_{a1}	
2		Y_{12}	Y_{22}	.	Y_{i2}	.	Y_{a2}	
3		Y_{13}	Y_{23}	.	Y_{i3}	.	Y_{a3}	
.		.	.	.	.	.	.	
.		.	.	.	Y_{in_i}	.	.	
.		.	.	.		.	Y_{an_a}	
.		Y_{1n_1}	.	.		.		
	.		Y_{2n_2}					
A – Somatórios	T_i	T_1	T_2	.	T_i	.	T_a	$T = \sum_{i=1}^{a} T_i$
B – N.º de elementos	n_i	n_1	n_2	.	n_i	.	n_a	$N = \sum_{i=1}^{a} n_i$
C – Médias	$\bar{Y}_i = \frac{T_i}{n_i}$	$\bar{Y}_1$	$\bar{Y}_2$	.	$\bar{Y}_i$	.	$\bar{Y}_a$	$\bar{\bar{Y}} = \frac{T}{N}$
D – Quadrados médios dos somatórios	$\frac{T_i^2}{n_i}$	$\frac{T_1^2}{n_1}$	$\frac{T_2^2}{n_2}$	.	$\frac{T_i^2}{n_i}$	.	$\frac{T_a^2}{n_a}$	$\sum_{i=1}^{a}\left(\frac{T_i^2}{n_i}\right)$
E – Somas dos quadrados dos elementos	Q_i	Q_1	Q_2	.	Q_i	.	Q_a	$Q = \sum_{i=1}^{a} Q_i$

Variância "entre" os tratamentos (S_E^2)

É dada pela expressão:

$$S_E^2 = \frac{\sum_{i=1}^{a} n_i(\bar{Y}_i - \bar{\bar{Y}})^2}{a - 1}$$

Variância residual ou "dentro'' dos tratamentos (S_R^2)

É dada pela expressão:

$$S_R^2 = \frac{(n_1 - 1)S_1^2 + (n_2 - 1)S_2^2 + \ldots + (n_a - 1)S_a^2}{(n_1 - 1) + (n_2 - 1) + \ldots + (n_a - 1)} = \frac{\sum_{i=1}^{a} (n_i - 1)S_i^2}{N - a}$$

Sendo: $$S_i^2 = \frac{\sum_{j=1}^{n_1}(Y_{ij} - \bar{Y}_i)^2}{n_i - 1} = \frac{1}{n_i - 1}\left[Q_i - \frac{T_i^2}{n_i}\right]$$

Variância total (S_T^2)

É a variância de todos os elementos em relação à média global:

$$S_T^2 = \frac{\sum_{i=1}^{a}\sum_{j=1}^{n_i}(Y_{ij} - \bar{\bar{Y}})^2}{N - 1}$$

Com um procedimento similar ao dado nos itens anteriores, podemos deduzir as fórmula dadas na Tabela 3.5. A tabela de ANOVA é dada na Tabela 3.6.

Tabela 3.5 Resumo da formulação utilizada

$S_E^2 = \frac{SQE}{a-1}$	$SQE = \sum_{i=1}^{a}\left(\frac{T_i^2}{n_i}\right) - \frac{T^2}{N}$
$S_R^2 = \frac{SQR}{N-a}$	$SQR = Q - \sum_{i=1}^{a}\left(\frac{T_i^2}{n_i}\right)$
$S_T^2 = \frac{SQT}{N-1}$	$SQT = Q - \frac{T^2}{N}$

Tabela 3.6 Tabela de Análise de Variância

Fonte de variação	Soma dos quadrados	Graus de liberdade	Quadrados médios	F_{calc}
Entre	SQE	a −1	$S_E^2 = \frac{SQE}{a-1}$	$F_{calc} = \frac{S_E^2}{S_R^2}$
Residual (dentro)	SQR	N − a	$S_R^2 = \frac{SQR}{N-a}$	
Total	SQT	N − 1		

3.2.4 COMPARAÇÕES MÚLTIPLAS PARA TRATAMENTOS COM NÚMEROS DIFERENTES DE RÉPLICAS

Quando H_0 é rejeitada, devemos efetuar as comparações múltiplas para identificar quais os tratamentos que são diferentes, dentre aqueles que foram testados. Um dos métodos indicados é o de Duncan.

MÉTODO DE DUNCAN

Tal como visto no item 3.2.2, as diferenças entre as médias obtidas nos tratamentos devem ser comparadas com a diferença mínima significativa de Duncan (dms_p).

A dms_p é dada pela expressão:

$$dms_p = [r_{(\alpha,p,f)}] \cdot S_{\bar{Y}_i} = [r_{(\alpha,p,f)}]\sqrt{\frac{S_R^2}{n_h}}$$

Onde: $r_{(\alpha;\ p;\ f)}$ – retirado da tabela de amplitudes significativas para o método de Duncan

α – Nível de significância do experimento

p – Número de médias internas à comparação incluindo os extremos ($p = 2,3...a$)

f – Número de graus de liberdade de SQR (relativo ao erro residual)

S_R^2 – Variância residual ("dentro" dos tratamentos)

n_h – Média harmônica dos ni: $n_h = \dfrac{a}{\sum_{i=1}^{a}\left(\frac{1}{n_i}\right)}$

n_i – Número de elementos (réplicas) do tratamento i

REGRA DE DECISÃO

$|\bar{Y}_w - \bar{Y}_k| \leq dms_p \rightarrow$ Não existe diferença entre as médias w e k.
Não há diferença entre os tratamentos w e k.

$|\bar{Y}_w - \bar{Y}_k| > dms_p \rightarrow$ Existe diferença entre as médias w e k.
Há diferença entre os tratamentos w e k.

Exemplo 5:

Foram planejados experimentos para verificar a existência de diferenças entre 4 equipes de manutenção de um certo tipo de avião. Para isso foram registrados os tempos de reparo (em minutos) de um certo componente eletrônico, que apresentava o mesmo tipo de defeito, pelas várias equipes. Esses tempos são dados a seguir.

Verificar se existem evidências da existência de diferenças entre as produtividades das equipes, com nível de significância de 1%. Caso existam, fazer as comparações múltiplas de Duncan.

Solução:

H_0: $\mu_A = \mu_B = \mu_C = \mu_D$

H_1: $\mu_w \neq \mu_k$, para qualquer par (w e k) dentre equipes A, B, C e D.

Elemento	Equipe				
	A	B	C	D	
1	55,4	55,8	51,5	55,0	
2	54,5	57,2	53,2	57,0	
3	53,9	57,4	53,5	54,5	
4	56,8	58,4	52,9	55,1	
5		56,5	52,5	55,3	
6		58,2	55,0	56,3	
7		54,9		56,2	**Valores e médias globais**
8		56,8			
T_i	220,6	455,2	318,6	389,4	$T = \sum T_i = 1.383,8$
n_i	4	8	6	7	$N = \sum n_i = 25$
$\bar{Y}$	55,15	56,90	53,10	55,63	$\bar{\bar{Y}} = 55,352$
T_i^2/n_i	12.166,09	25.900,88	16.917,66	21.661,77	$\sum\left(\frac{T_i^2}{n_i}\right) = 76.646,40$
Q_i	12.170,86	25.910,54	16.924,40	21.666,48	$Q = \sum Q_i = 76.672,28$

Daí vem:

$$SQE = \sum (T_i^2/n_i) - T^2/N = 76.646,40 - 1.383,8^2/25 = 50,30$$

$$SQR = Q - \sum (T_i^2/n_i) = 76.672,28 - 76.646,40 = 25,88$$

$$SQT = Q - T^2/N = 76.672,28 - \frac{1.383,8^2}{25} = 76,18$$

Verificação: SQE + SQR = 50,30 + 25,88 = 76,18 = SQT c.q.d

Podemos, então, fazer a tabela de ANOVA:

Fonte de variação	Soma dos quadrados	Graus de liberdade	Quadrados médios	F_{calc}
Entre	SQE = 50,30	a – 1 = 3	$S_E^2 = 16,767$	$F_{calc} = \frac{S_E^2}{S_R^2} = 13,61$
Residual	SQR = 25,88	N – a = 21	$S_R^2 = 1,232$	
Total	SQT = 76,18	N – 1 = 24		

Na tabela de F, com α = 1%, numerador = 3 e denominador = 21, obtém-se:

$$F_{crit} = 4,87$$

Como: F_{calc} (13,61) > F_{crit} (4,87), rejeita-se H_0, ou seja, as equipes têm produtividades diferentes, com 99% de confiança.

Comparações múltiplas, usando-se o método de Duncan.

Vamos, inicialmente, ordenar as médias (em ordem crescente) e fazer uma figura sem a preocupação com escala exata, colocando as diferenças entre as várias médias. Os sinais (=) e (#) foram colocados após as comparações, para facilitar a visualização dos resultados.

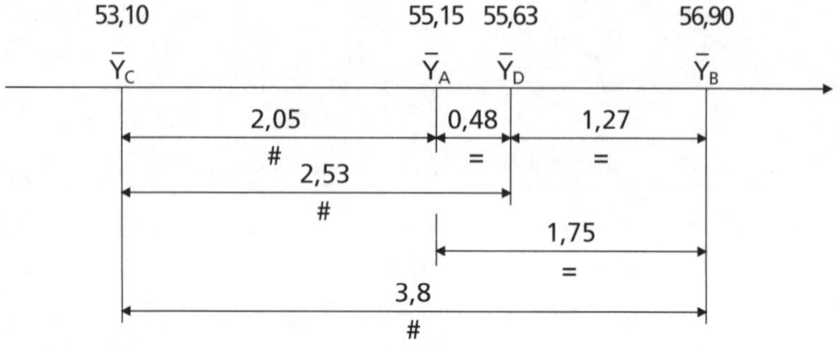

Na tabela de Duncan, usando-se $\alpha = 1\%$; $f = N - a = 21$ e com interpolação, obtém-se:

Intervalo com 2 médias: $r_{(1\%;\ 2;\ 21)} = 4{,}01$.

Intervalo com 3 médias: $r_{(1\%;\ 3;\ 21)} = 4{,}20$.

Daí vem: $n_h = \dfrac{4}{\left(\dfrac{1}{4} + \dfrac{1}{8} + \dfrac{1}{6} + \dfrac{1}{7}\right)} = 5{,}843$

$$\sqrt{\frac{S_R^2}{n_h}} = \sqrt{\frac{1{,}232}{5{,}843}} = 0{,}459$$

As médias devem ser comparadas duas a duas. Os extremos não precisam ser comparados, pois, como H_0 foi rejeitado, sabe-se que existem pelo menos dois tratamentos diferentes. Logo, os tratamentos B e C são diferentes, pois tiveram a maior e a menor média, respectivamente, nos ensaios realizados.

$P = 3$: $dms_3 = 4{,}20 \times 0{,}459 = 1{,}93$

$|\bar{Y}_D - \bar{Y}_C| = 2{,}53 > 1{,}93$: Existe diferença entre D e C.

$|\bar{Y}_B - \bar{Y}_A| = 1{,}75 < 1{,}93$: Não existe diferença entre B e A.

Logo, também não existem diferenças entre (B e D) e (A e D).

$p = 2$: $dms_2 = 4{,}01 \times 0{,}459 = 1{,}84$

$|\bar{Y}_A - \bar{Y}_C| = 2{,}05 > 1{,}84$: Existe diferença entre A e C.

Conclusões do exemplo:

Ao nível de significância de 1%, as equipes poderiam ser divididas em 2 grupos:

1 — Equipe C — melhor do que as demais.

2 — Equipes A, B e D — similares entre si e piores do que C.

3.3 MODELO DE EFEITOS ALEATÓRIOS

Em certas ocasiões, o engenheiro da qualidade ou pesquisador está interessado em conhecer os efeitos de um fator que tem um grande número de níveis possíveis, sendo impraticável realizar ensaios para todos estes.

Assim, ele pode optar pelo modelo de efeitos aleatórios, escolhendo ao acaso (por sorteio) os níveis que serão empregados nos ensaios.

Como os níveis são escolhidos aleatoriamente, as inferências podem ser feitas para toda a população de níveis do fator em estudo.

Assume-se, neste modelo, que a população de níveis do fator é infinita ou muito grande, podendo ser considerada infinita.

MODELO ESTATÍSTICO

O modelo estatístico adotado para descrever as observações tem a mesma estrutura daquela apresentada no item 3.2, para o caso de efeitos fixos:

$$Y_{ij} = \mu + \tau_i + \varepsilon_{ij}, \ (i = 1, 2, ..., a; \quad j = 1, 2, ..., n)$$

Onde: Y_{ij} — resposta obtida no tratamento (i), para a réplica (j);
μ — média global, comum a todos os tratamentos;
τ_i — parâmetro único do tratamento i, chamado de "efeito do tratamento i";
ε_{ij} — é o componente do erro aleatório;
a — número de tratamentos; e
n — número de réplicas por tratamento.

A interpretação do parâmetro τ_i é diferente, pois este é agora uma variável aleatória, com variância σ_ς^2. A variância de ε_{ij} continua sendo representada por σ^2, como anteriormente.

Supondo-se que τ_i e ε_{ij} sejam variáveis aleatórias independentes entre si, a variância de qualquer observação Y_{ij} é dada por:

$$\sigma_Y^2 = \text{variância de } Y_{ij} = \sigma_\varsigma^2 + \sigma^2$$

Por hipótese, os ε_{ij} são variáveis independentes e identicamente distribuídas, tendo distribuição Normal, com média zero e variância σ^2.

Assume-se que os τ_i são variáveis independentes e identicamente distribuídas, tendo distribuição Normal, com média zero e variância σ_ς^2.

TESTE DE HIPÓTESES

O teste de hipóteses e os procedimentos computacionais são idênticos aos utilizados no modelo de efeitos fixos. Utilizar as tabelas (3.1, 3.2 e 3.3) ou (3.4, 3.5 e 3.6), conforme o caso.

REGRA DE DECISÃO

$F_{calc} \leq F_{crit} \rightarrow$ Aceita-se H_0
Ou seja, não existe diferença entre os tratamentos.

$F_{calc} > F_{crit} \rightarrow$ Rejeita-se H_0
Ou seja, existe diferença entre os tratamentos.

Conceitualmente, no entanto, deve ser mencionado que o $F_{calc} = S_E^2/S_R^2$, testa agora as seguintes hipóteses:

H_0: $\sigma_\varsigma^2 = 0$ — Todos os tratamentos são iguais.
(Ou seja, o fator não exerce efeito sobre a variável de resposta).
H_1: $\sigma_\varsigma^2 > 0$ — Existe variabilidade entre os efeitos dos níveis do fator.

Os estimadores das variâncias de ε_{ij} e τ_i são, respectivamente:

$$\hat{\sigma}^2 = S_R^2; \qquad \hat{\sigma}_\varsigma^2 = \frac{S_E^2 - S_R^2}{n}$$

No caso de número diferente de réplicas por tratamento, o n da equação anterior deve ser substituído por n_0, assim calculado:

$$n_0 = \frac{1}{a-1}\left[\sum_{i=1}^{a} n_i - \frac{\sum_{i=1}^{a} n_i^2}{\sum_{i=1}^{a} n_i}\right]$$

Exemplo 6:

Existia um grande número de lotes de material armazenado em um almoxarifado e suspeitava-se que a composição química variava significativamente em cada um deles. Foram sorteados 5 lotes e, após, foram sorteados 4 elementos de cada um, sendo determinados os teores de carbono de cada um destes. Os resultados são dados na tabela a seguir, em %C. Verificar se existe diferença no teor do carbono entre os lotes, usando α = 5%. Estimar os componentes da variância do erro aleatório e do efeito do tratamento.

Elemento (j)		Lote (i)					
		1	2	3	4	5	
1		2,75	2,54	2,72	2,68	2,68	
2		2,73	2,55	2,61	2,70	2,69	Valores e Médias Globais
3		2,81	2,66	2,74	2,71	2,65	
4		2,74	2,54	2,64	2,74	2,61	
A – Somatórios	T_i	11,03	10,29	10,71	10,83	10,63	T = 53,49
B – Médias	$\bar{Y}_i$	2,758	2,573	2,678	2,708	2,658	$\bar{\bar{Y}}$ = 2,675
C – Quadrados dos somatórios	T_i^2	121,6609	105,8841	114,7041	117,2889	112,9969	$\sum T_i^2$ = 572,5349
D – Soma dos quadrados dos elementos	Q_i	30,4191	26,4813	28,6877	29,3241	28,2531	Q = 143,1653

Solução:

$H_0: \sigma_\varsigma^2 = 0$

$H_1: \sigma^2_\varsigma > 0$

$$SQE = \frac{572,5349}{4} - \frac{53,49^2}{5 \times 4} = 0,07472$$

$$SQR = 143,1653 - \frac{572,5349}{4} = 0,03157$$

$$SQT = 143,1653 - \frac{53,49^2}{5 \times 4} = 0,10630$$

Tabela de ANOVA				
Fonte de variação	Soma dos quadrados	Graus de liberdade	Quadrados médios	F_{calc}
Entre	0,07472	4	0,018680	$F_{calc} = 8,874$
Residual	0,03157	15	0,002105	
Total	0,10630	19		

Na tabela "F", com α = 5%, numerador = 4 e denominador = 15, obtém-se:

$F_{crit} = 3,06$

Decisão:

Como: $F_{calc} > F_{crit}$, rejeita-se a hipótese nula. Existe diferença entre os lotes.

Estimativa dos componentes da variância

$$\hat{\sigma}^2 = S_R^2 = 0,002105$$

$$\hat{\sigma}_\varsigma^2 = \frac{S_E^2 - S_R^2}{n} = \frac{0,018680 - 0,002105}{4} = 0,004144$$

A estimativa da variância do teor de carbono dos lotes é dada por:

$$\hat{\sigma}_y^2 = \hat{\sigma}^2 + \hat{\sigma}_\varsigma^2 = 0,002105 + 0,004144 = 0,006249$$

Pode-se observar que a maior parte da variabilidade total é devida à diferença existente entre os lotes:

$$\frac{0,004144}{0,006249} \times 100 = 66,31\%$$

3.4 NÚMERO MÍNIMO DE RÉPLICAS

Conforme visto no capítulo 1, no teste de hipóteses existe a possibilidade de cometermos um erro do tipo II (Probabilidade β). Desta forma, estaríamos aceitando que os tratamentos fossem iguais, quando na realidade seriam diferentes.

Para evitar que este erro seja grande, é necessário que o número de réplicas cresça, pois à medida que n aumenta, o poder discriminatório do plano de amostragem aumenta.

No capítulo 4 (item 4.6) é apresentado um roteiro para a determinação do número mínimo de réplicas de forma que α e β não sejam superiores a certos valores. Sugere-se que o leitor utilize os conceitos desse item para verificar se o número de réplicas é suficiente. Caso não seja, é conveniente aumentá-lo, fazendo um número maior de ensaios.

3.5 USO DA PROBABILIDADE DE SIGNIFICÂNCIA (P-VALOR)

Geralmente o resultado de um teste de hipóteses é dado com a aprovação ou rejeição da hipótese nula ao nível α de significância. Em certas ocasiões, esta forma de apresentação do resultado não dá ao pesquisador uma idéia clara de quanto o valor calculado da variável de teste está próximo ou distante dos limites da região crítica e qual é o risco real que ele está correndo quando aceita ou rejeita a hipótese nula.

Alguns pesquisadores podem se sentir desconfortáveis para tomar uma decisão de aceitar ou rejeitar a hipótese nula quando o risco α for de 5%, por exemplo.

Para contornar esta dificuldade, existe um procedimento de teste alternativo ou complementar, o da Probabilidade de Significância (P-valor), que dá informações adicionais para a decisão do pesquisador e, em geral, faz parte dos *softwares* estatísticos utilizados pelas empresas.

Definição do P-valor

É o menor valor do nível de significância α que levaria à rejeição da hipótese nula (H_0).

Isto significa que, para valores de α iguais ou maiores do que o P-valor, a hipótese nula seria rejeitada. Para valores menores de α, a hipótese nula seria aceita.

Desta forma, quanto menor for o P-valor, maiores são as justificativas para a rejeição de H_0. Quando, no entanto, o P-valor é grande, as evidências para a rejeição de H_0 são mais fracas.

Exemplo 7:

Determinar o P-valor para caso do Exemplo 1 deste capítulo.

Solução:

Resumo do exemplo: No caso, foram utilizados 4 tipos de ração (A, B, C e D) para engorda de frangos, usando-se α = 1%. As hipóteses eram:

H_0: $\mu_A = \mu_B = \mu_C = \mu_D$

H_1: Pelo menos 2 médias de tratamentos são diferentes.

Tabela de ANOVA obtida					
Fonte de Variação	Soma dos quadrados	Graus de liberdade	Quadrados médios	F_{calc}	F_{crit}
Entre	409.000	3	136.333,3	7,85	5,29
Residual	277.720	16	17.357,5		
Total	686.720	19			

Como $F_{cal} > F_{crit}$, a hipótese nula foi rejeitada ao nível de 1% de significância.

Para se obter o P-valor, deve-se verificar qual é o mínimo valor de α para o qual o valor da função "F" é igual a 7,85 (F_{calc}). Para maior simplicidade e rapidez de cálculos, pode-se usar a função DISTF do programa EXCEL (ou outro *software* que calcule funções estatísticas), da seguinte forma:

P-valor = DISTF (7,85; 3; 16) = 0,001916 (ou 0,1916%).

Desta forma, para qualquer valor de α abaixo de 0,1916%, a hipótese nula seria aceita. Para valores iguais ou superiores a 0,1916%, a hipótese nula seria rejeitada. Esta informação pode ajudar o pesquisador a melhor decidir se deve aceitar ou rejeitar H_0.

EXERCÍCIOS PROPOSTOS

1 – Foram testadas amostras de 5 elementos de 3 marcas diferentes de baterias quanto a sua durabilidade, porque se suspeitava que suas vidas úteis fossem diferentes. Os resultados obtidos (em semanas) são dados na tabela a seguir. Verificar se há evidências de que as baterias têm vidas diferentes, com nível de significância de 1%. Caso existam diferenças, fazer comparações usando o método de Duncan.

Elemento (j)	Marca (i)		
	Alpha	Beta	Gama
1	28	27	22
2	21	31	19
3	19	32	21
4	23	36	19
5	18	33	17

2 – Numa fábrica têxtil, existem 5 máquinas de mesma marca que têm a mesma produção nominal. Foram anotadas as produções por hora em 4 diferentes períodos do dia, escolhidos de forma aleatória e os resultados são dados abaixo, em kg/hora. Verificar se existe diferença entre a produtividade das máquinas, com nível de significância de 1%, e fazer comparações usando o método de Duncan, se necessário.

Hora (j)	Máquina (i)				
	A	B	C	D	E
1	458	470	498	466	460
2	462	460	489	472	454
3	462	460	499	460	448
4	450	474	495	456	450

3 – Uma empresa adquiria o mesmo componente eletrônico de 4 fornecedores distintos (1, 2, 3 e 4), porém estava desconfiada que a sua vida útil era diferente, quando submetido a altas temperaturas. Para tirar a dúvida, delineou um experimento com ensaios na temperatura de 80°C, utilizando 6 elementos de cada lote recebido para cada fornecedor. Os elementos foram escolhidos por sorteio.

Os resultados das vidas úteis, em horas, são dados na tabela a seguir. Verificar se existe diferença entre os fornecedores e, caso exista, fazer as comparações de Duncan e dividir os fornecedores em classes de vida útil. Usar α = 5%.

Fornecedor	Elemento					
	1	2	3	4	5	6
1	155	149	152	150	147	146
2	210	215	220	218	219	213
3	141	131	135	138	130	140
4	145	155	142	150	152	147

4 – Uma empresa tem centenas de operadores qualificados para montar um certo equipamento. Foram sorteados 5 deles para montar certo número de equipamentos. Os tempos despendidos (em minutos) são dados na tabela a seguir. Analisar os resultados obtidos e informar se existe diferença entre os operadores da empresa, usando nível de significância de 5%. Estimar os componentes do erro aleatório e do efeito do operador.

Equipamento	Operador				
	A	B	C	D	E
1	50	57	58	54	52
2	51	61	53	57	56
3	49	63	59	60	58
4	50	67	61	49	54
5	51	65	65	53	54
6	53	64	60	56	56

5 – Um experimento foi desenvolvido para verificar se a qualidade do material produzido era influenciada pelo setor de fabricação. Para isso foram produzidos lotes do mesmo material por diferentes setores e os resultados (em quantidade de defeitos por lote) são dados na tabela a seguir.

Verificar se existem evidências da existência de diferenças entre a qualidade produzida pelos diferentes setores, com nível de significância de 5%. Caso existam, fazer as comparações múltiplas de Duncan.

Lote	Setor				
	A	B	C	D	E
1	54	58	51	49	55
2	55	56	53	46	58
3	53	54	55	44	54
4	56	54	52	48	53
5	54	56	56	49	54
6	58		57	43	
7	53				

6 – Um experimento foi desenvolvido para verificar se a qualidade do material produzido era influenciada pelo setor de fabricação. Para isso foram produzidos lotes do mesmo material por diferentes setores e os resultados (em quantidade de defeitos por lote) são dados na tabela a seguir.

Verificar se existem evidências da existência de diferenças entre a qualidade produzida pelos diferentes setores, com nível de significância de 1%. Caso existam, fazer as comparações múltiplas de Duncan, separando as equipes em classes e indicando as melhores e piores.

Lote	Setor				
	A	B	C	D	E
1	54	54	51	59	55
2	55	46	53	56	58
3	54	49	56	56	54
4	53	42		58	55
5		41			52

EXPERIMENTOS FATORIAIS COM 2 FATORES

4.1 CONSIDERAÇÕES INICIAIS

O experimento fatorial é apropriado quando dois ou mais fatores estão sendo investigados em dois ou mais níveis e a interação entre os fatores pode ser importante.

Neste capítulo, estudaremos o experimento com apenas dois fatores, para testar as suas influências.

Vamos realizar vários ensaios, variando os tratamentos de cada um dos dois fatores em estudo e mantendo os demais fatores fixos ou controlados.

Se tivermos um fator A com a tratamentos e um fator B, com b tratamentos, então devemos realizar ensaios com todas as combinações dos tratamentos de A e de B, num total de (a × b) ensaios.

O **efeito do fator** é definido como a variação na saída (Y) produzida pela mudança do nível do fator. Por exemplo, vamos imaginar um experimento com 2 fatores, em 2 níveis. Os resultados são dados na tabela a seguir:

		Fator A	
		A – 1	A – 2
Fator B	B – 1	30	60
	B – 2	10	40

Os resultados são indicados na Figura 4.1, onde pode-se verificar que não existe interação entre os fatores, pois as linhas A1-A1 e A2-A2 são paralelas.

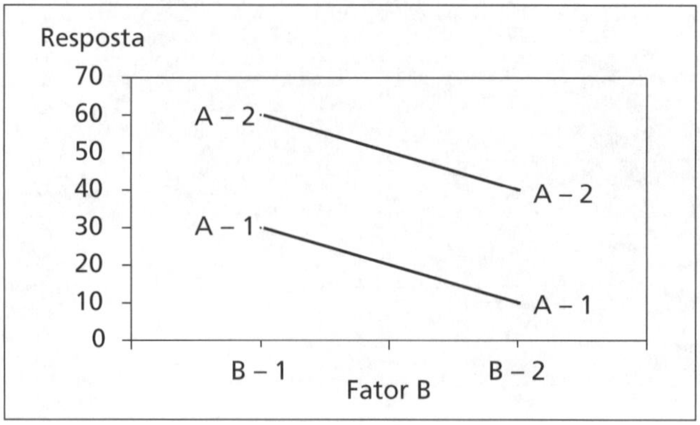

Figura 4.1 *— Experimento fatorial, sem interação.*

CÁLCULO DO EFEITO, SEM INTERAÇÃO

O efeito principal do fator pode ser imaginado como a diferença entre a resposta média do 2.º nível e a resposta média do 1.º nível. Desta forma os efeitos principais seriam:

$$\text{Efeito B: } \frac{10+40}{2} - \frac{30+60}{2} = -20$$

$$\text{Efeito A: } \frac{60+40}{2} - \frac{30+10}{2} = +30$$

Assim, aumentando-se o fator B do nível 1 para o 2, a resposta diminui de 20 unidades. Para o fator A, a resposta aumenta em 30 unidades, quando se passa do nível 1 para o 2.

(*Nota*: Se os fatores tem mais de dois níveis, esta forma de calcular os efeitos deveria ser modificada.)

QUANDO EXISTE INTERAÇÃO

Diz-se que existe interação entre os fatores quando certas combinações de seus tratamentos produzem respostas inusitadas, para melhor ou para pior, diferentes do que se poderia esperar. Por exemplo, certa dose de um remédio pode salvar um paciente de certa idade. No entanto, para idades mais avançadas, a mesma dose pode trazer resultados maléficos. Neste caso, diz-se que há interação entre dose e faixa etária.

Quando existe interação entre os fatores, a diferença entre as respostas médias não é mesma para todos os níveis do fator.

Um exemplo é dado na tabela a seguir:

		Fator A	
		A – 1	A – 2
Fator B	B – 1	60	15
	B – 2	30	45

Os resultados são mostrados na figura abaixo:

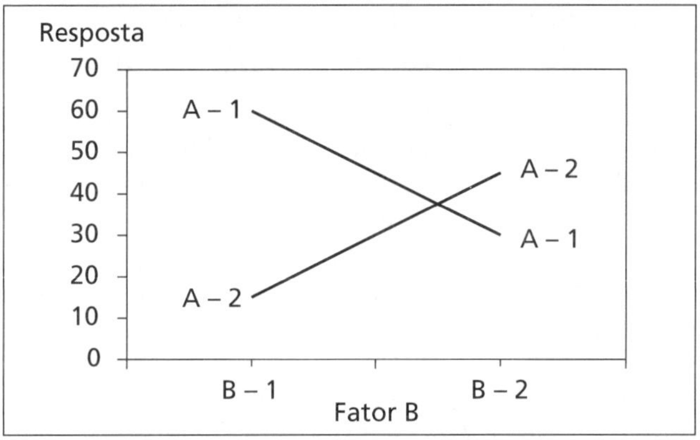

Figura 4.2 *— Experimento fatorial, com interação.*

No 1.º nível do fator A, o efeito de B é: 30 - 60 = - 30

No 2.º nível do fator A, o efeito de B é: 45 - 15 = + 30

Assim, verifica-se que o efeito de B depende do nível do fator A. Isto indica a existência de interação entre A e B.

Quando existe interação, não há sentido em calcular o efeito principal do fator como mostrado anteriormente. Se fizéssemos isso, teríamos:

$$\text{Efeito de B: } \frac{30 + 45}{2} - \frac{60 + 15}{2} = 0$$

O efeito assim calculado é nulo e não corresponde à realidade, pois existe de fato um efeito do fator B, só que ele é diferente para cada nível considerado do fator A.

VANTAGENS DOS EXPERIMENTOS FATORIAIS

- São mais eficientes do que os experimentos com um único fator.
- Evitam conclusões errôneas quando existem interações entre os fatores.
- Possibilitam a estimativa dos efeitos de um fator em diversos níveis dos outros fatores, permitindo conclusões que são válidas numa amplitude de condições experimentais.

Para exemplificar a vantagem do experimento fatorial sobre aquele com um único fator, vamos imaginar 2 fatores A e B, em dois níveis (A_1 e A_2; B_1 e B_2). No caso de experimento com um único fator, variaríamos cada fator de cada vez, a partir da combinação A_1 B_1, e teríamos a seguinte tabela com os resultados:

		Fator A	
		A_1	A_2
Fator B	B_1	A_1 B_1	A_2 B_1
	B_2	A_1 B_2	

O efeito do fator A é dado por: $A_2 B_1 - A_1 B_1$

O efeito do fator B é dado por: $A_1 B_2 - A_1 B_1$

Como sempre há um erro experimental, é desejável que sejam executados pelo menos dois ensaios para cada combinação de tratamento e que sejam utilizadas as respostas médias obtidas. Desta forma, teríamos de realizar 3 × 2 = 6 ensaios.

Se usássemos o experimento fatorial, só seriam necessários 4 ensaios (os 3 mostrados na tabela anterior acrescidos da combinação $A_2 B_2$). Assim, usando apenas 4 ensaios, poderíamos obter 2 estimativas do efeito de A:

$$(A_2 B_1 - A_1 B_1) \text{ e } (A_2 B_2 - A_1 B_2)$$

Poderíamos, também, obter 2 estimativas do efeito de B:

$$(A_1 B_2 - A_1 B_1) \text{ e } (A_2 B_2 - A_2 B_1)$$

Assim, a eficiência relativa desse experimento fatorial sobre o de único fator é de: 6/4 = 1,5

Geralmente, a eficiência relativa cresce com o número de fatores. Isto pode ser visto na figura 4.3.

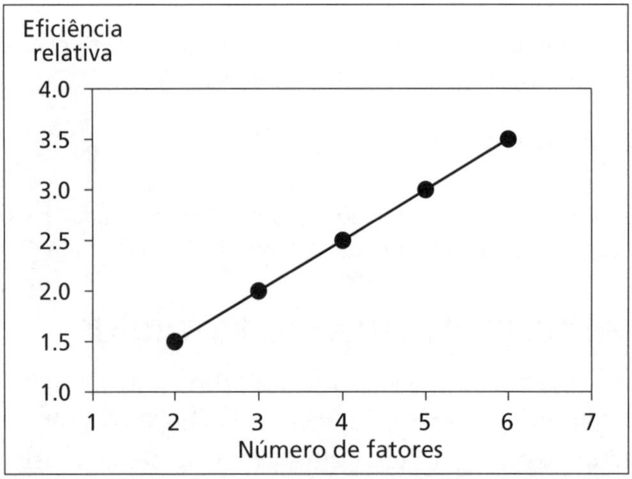

(Nota: Experimentos com 2 níveis; Fonte: ref. 1.)

Figura 4.3 *— Eficiência relativa de um experimento fatorial em relação ao experimento com um único fator*

MODELO ESTATÍSTICO

Adotamos o seguinte modelo linear para descrever as observações (ou resultados obtidos):

$$Y_{ijk} = \mu + \Im_i + \beta_j + (\Im\beta)_{ij} + \varepsilon_{ijk}, \quad \begin{array}{l} i = 1,2,\ldots,a \\ j = 1,2,\ldots,b \\ k = 1,2,\ldots,n \end{array}$$

Onde: Y_{ijk} – resposta do tratamento (ij), para a réplica k

μ – média global das respostas de todos os tratamentos

$\Im_i$ – efeito do nível i do fator A

β_j – efeito do nível j do fator B

$(\Im\beta)_{ij}$ – efeito da interação entre $\Im_i$ e β_j

ε_{ijk} – componente do erro aleatório

n – número de réplicas

Os efeitos dos tratamentos são geralmente definidos como desvio da média global μ. Desta forma, temos:

$$\sum_{i=1}^{a} \Im_i = 0$$

$$\sum_{j=1}^{b} \beta_j = 0$$

De forma similar, os efeitos de interação são fixos e definidos de tal forma que:

$$\sum_{i=1}^{a} (\Im\beta)_{ij} = 0$$

Por hipótese, os erros aleatórios (ε_{ijk}) neste modelo são assumidos como tendo distribuição Normal, com média zero e variância σ^2. Assume-se, também, que σ^2 é constante para todos os níveis do fator.

TESTE DE HIPÓTESES

No caso de experimento fatorial com 2 fatores, os fatores linha e coluna são de igual interesse.

Para efetuar o teste de hipóteses, temos de considerar que a hipótese nula é constituída de 2 partes, para levar em conta os 2 fatores:

H_0: $\mu_{(i=1)} = \mu_{(i=2)} = \mu_{(i=3)} = \ldots = \mu_{(i=a)}$ (as médias das a colunas são iguais); e

$\mu_{(j=1)} = \mu_{(j=2)} = \mu_{(j=3)} = \ldots = \mu_{(j=b)}$ (as médias das b linhas são iguais)

H_1: Pelo menos $2\mu_{ij}$ são diferentes.

Isto é equivalente a:

H_0: $\Im_1 = \Im_2 = \ldots = \Im_a = 0$; e

$\beta_1 = \beta_2 = \ldots = \beta_b = 0$

H_1: Pelo menos um $\Im_i \neq 0$; ou

Pelo menos um $\beta_j \neq 0$

Estamos, também, interessados em verificar se existe interação entre os fatores.

O teste é, então:

H_0: $(\Im\beta)_{ij} = 0$

H_1: Pelo menos um $(\Im\beta)_{ij} \neq 0$

ORDEM DE REALIZAÇÃO DOS ENSAIOS

O experimento completamente randômico exige que a ordem de realização dos ensaios seja determinada através de sorteio e que os lotes e corpos de prova também sejam selecionados por sorteio.

4.2 EXPERIMENTOS SEM REPETIÇÃO (OU RÉPLICAS)

Quando não existe interação, o procedimento computacional é iniciado com a Tabela 4.1:

Tabela 4.1 Dados para um experimento fatorial com 2 fatores

Trat. B (j)	Tratamento A (i)					T_j	$\bar{Y}_j$	T_j^2	Q_j
	1	2	3	.	a				
1	Y_{11}	Y_{21}	Y_{31}	.	Y_{a1}	$T_{(j=1)}$	$\bar{Y}_{(j=1)}$	$T^2_{(j=1)}$	$Q_{(j=1)}$
2	Y_{12}	Y_{22}	Y_{32}	.	Y_{a2}	$T_{(j=2)}$	$\bar{Y}_{(j=2)}$	$T^2_{(j=2)}$	$Q_{(j=2)}$
3	Y_{13}	Y_{23}	Y_{33}	.	Y_{a3}	$T_{(j=3)}$	$\bar{Y}_{(j=3)}$	$T^2_{(j=3)}$	$Q_{(j=3)}$
:	:	:	:	:	:	:	:	:	:
b	Y_{1b}	Y_{2b}	Y_{3b}	.	Y_{ab}	$T_{(j=b)}$	$\bar{Y}_{(j=b)}$	$T^2_{(j=b)}$	$Q_{(j=b)}$
T_i	$T_{(i=1)}$	$T_{(i=2)}$	$T_{(i=3)}$	.	$T_{(i=a)}$	$T = \sum T_i$ $T = \sum T_j$	-	-	-
$\bar{Y}_i$	$\bar{Y}_{(i=1)}$	$\bar{Y}_{(i=2)}$	$\bar{Y}_{(i=3)}$	.	$\bar{Y}_{(i=a)}$	-	-	-	-
T^2_i	$T^2_{(i=1)}$	$T^2_{(i=2)}$	$T^2_{(i=3)}$	.	$T^2_{(i=a)}$	-	-	$\sum T_i^2$ $\sum T_j^2$	-
Q_i	$Q_{(i=1)}$	$Q_{(i=2)}$	$Q_{(i=3)}$	.	$Q_{(i=a)}$	-	-	-	$Q = \sum Q_i$ $Q = \sum Q_j$

De forma similar à do capítulo anterior, podemos deduzir a formulação utilizada e elaborar a tabela de ANOVA. A Tabela 4.2 mostra as fórmulas utilizadas para o cálculo das Somas dos Quadrados e Quadrados médios e a Tabela 4.3 mostra a ANOVA correspondente.

Tabela 4.2 Resumo da formulação utilizada

$S_C^2 = \frac{SQC}{a-1}$	$SQC = \frac{\sum_{i=1}^{a} T_i^2}{b} - \frac{T^2}{ab}$
$S_L^2 = \frac{SQL}{b-1}$	$SQL = \frac{\sum_{j=1}^{b} T_j^2}{a} - \frac{T^2}{ab}$
$S_R^2 = \frac{SQR}{(a-b)\cdot(b-1)}$	$SQR = SQT - SQC - SQL$
$S_T^2 = \frac{AQT}{ab-1}$	$SQT = Q - \frac{T^2}{ab}$

Tabela 4.3 Tabela de ANOVA

Fonte de variação	Soma dos quadrados	Graus de liberdade	Quadrados médios	F_{calc}
Entre colunas	SQC	(a – 1)	$S_C^2 = \frac{SQC}{a-1}$	$F_{calc}^C = \frac{S_C^2}{S_R^2}$
Entre linhas	SQL	(b – 1)	$S_L^2 = \frac{SQL}{b-1}$	$F_{calc}^L = \frac{S_L^2}{S_R^2}$
Residual	SQR	(a – 1) · (b – 1)	$S_R^2 = \frac{SQR}{(a-1)\cdot(b-1)}$	
Total	SQT	ab – 1		

Nota: O grau de liberdade residual é obtido pela diferença:

$$(ab - 1) - [(a - 1) + (b - 1)] = (a - 1)\,(b - 1)$$

Os "F" críticos são determinados entrando-se na tabela "F" de Snedecor com o nível de significância (α) e:

Entre colunas: Numerador: $(a - 1)$
Denominador: $(a - 1) \cdot (b - 1)$

Entre linhas: Numerador: $(b - 1)$
Denominador: $(a - 1) \cdot (b - 1)$

REGRA DE DECISÃO

Se $F^C_{calc} \leq F^C_{crit}$ e $F^L_{calc} \leq F^L_{crit} \rightarrow$ Aceita-se H_0. Não existe diferença entre os tratamentos, ao nível α de significância.

Se $F^C_{calc} > F^C_{crit}$ ou $F^L_{calc} > F^L_{crit} \rightarrow$ Rejeita-se H_0. Existe diferença entre os tratamentos, ao nível α de significância.

Exemplo 1:

Um engenheiro da qualidade delineou um experimento para verificar se existe influência dos fatores temperatura e pressão na quantidade porcentual de impurezas resultantes na fabricação de um produto químico. Os resultados são dados na tabela a seguir.

Verificar se existem diferenças nos diversos tratamentos, usando nível de significância de 1%.

Solução:

Temp	Pressão (i)						T_j	$\bar{Y}_j$	T_j^2	Q_j
(j)	30	35	40	45	50	55				
100°F	3,0	4,3	3,8	4,6	3,5	2,8	22,0	3,67	484,00	83,18
125°F	2,9	4,1	3,6	4,4	3,6	2,2	20,8	3,47	432,64	75,34
T_i	5,9	8,4	7,4	9,0	7,1	5,0	T=42,8			
$\bar{Y}_i$	2,95	4,20	3,70	4,50	3,55	2,50			$\sum T_j^2 = 916,64$	
T_i^2	34,81	70,56	54,76	81,00	50,41	25,00			$\sum T_i^2 = 316,54$	
Q_i	17,41	35,30	27,40	40,52	25,21	12,68				Q=158,52

Temos: $a = 6$; $b = 2$

Com os dados da tabela acima, obtém-se:

$$SQL = \frac{916,64}{6} - \frac{42.8^2}{6 \times 2} = 0,12$$

$$SQC = \frac{316,54}{2} - \frac{42,8^2}{6 \times 2} = 5,62$$

$$SQT = 158,52 - \frac{42,8^2}{6 \times 2} = 5,87$$

$$SQR = 5,87 - 0,12 - 5,62 = 0,13$$

A tabela de ANOVA é dada a seguir:

Fonte de variação	Soma dos quadrados	Graus de liberdade	Quadrados médios	F_{calc}
Entre colunas	SQC = 5,62	6 – 1 = 5	$S_C^2 = 1{,}124$	$F_{calc}^C = 43{,}23$
Entre linhas	SQL = 0,12	2 – 1 = 1	$S_L^2 = 0{,}12$	$F_{calc}^L = 4{,}62$
Residual	SQR = 0,13	(6 – 1)·(2 – 1) = 5	$S_R^2 = 0{,}026$	
Total	SQT = 5,87	6 × 2 – 1 = 11		

Na tabela de "F", obtêm-se os "F" críticos:

Entre colunas: $F^C_{[a-1;\,(a-1)\cdot(b-1);\,\alpha]} = F^C_{(5;\,5;\,1\%)} = 10{,}97$

Entre linhas: $F^L_{[b-1;\,(a-1)\cdot(b-1);\,\alpha]} = F^L_{(1;\,5;\,1\%)} = 16{,}26$

Comparando-se com o F_{calc}, obtém-se:

$F^C_{calc}\ (=43{,}23) > F^C_{(5;\,5;\,1\%)}\ (=10{,}97)$: Existe diferença

$F^L_{calc}\ (=4{,}62) < F^L_{(1;\,5;\,1\%)}\ (=16{,}26)$: Não existe diferença

Conclusão: Rejeitamos H_0 ao nível de 1% de significância.

Existe diferença de resultados de impurezas ocasionada pela variação do fator pressão, nos valores utilizados no experimento. No entanto, não podemos afirmar que existe influência da temperatura.

4.3 EXPERIMENTOS COM REPETIÇÕES (OU RÉPLICAS)

Em geral, repetimos os ensaios n vezes para cada combinação dos tratamentos. Neste caso, fica mais fácil determinar se existe ou não interação entre os dois fatores.

A interação pode ocorrer somente com certas combinações de tratamentos. Por exemplo, poderia acontecer interação entre temperatura e a umidade para acelerar a deterioração de um produto. Um novo remédio, só poderia ser eficiente em certo estágio da doença e para certa faixa etária do paciente, onde haveria interação entre esses fatores.

PROCEDIMENTO COMPUTACIONAL

É parecido com o do experimento com 2 fatores, sem repetição, visto em 4.2, com a inclusão dos cálculos de estimativa da variância dentro de cada uma das combinações ij dos tratamentos.

A disposição dos dados é dada na tabela a seguir, onde se pode observar que cada cruzamento apresenta n repetições e que o número total de observações é:

a.b.n.

Tabela 4.4 Dados para um experimento com 2 fatores e n réplicas

Trat. B (j)	Tratamento A (i)				T_j	$\bar{Y}_j$	T_j^2	Q_j
	1	2	...	a				
1	Y_{111} Y_{112} ... Y_{11n} T_{11}	Y_{211} Y_{212} ... Y_{21n} T_{21}	... ...	Y_{a11} Y_{a12} ... Y_{a1n} T_{a1}	$T_{(j=1)}$	$\bar{Y}_{(j=1)}$	$T^2_{(j=1)}$	$Q_{(j=1)}$
2	Y_{121} Y_{122} ... Y_{12n} T_{12}	Y_{221} Y_{222} ... Y_{22n} T_{22}	... ...	Y_{a21} Y_{a22} ... Y_{a2n} T_{a2}	$T_{(j=2)}$	$\bar{Y}_{(j=2)}$	$T^2_{(j=2)}$	$Q_{(j=2)}$
.	.	.	...	.	.	.	.	.
b	Y_{1b1} Y_{1b2} ... Y_{1bn} T_{1b}	Y_{2b1} Y_{2b2} ... Y_{2bn} T_{2b}	... ...	Y_{ab1} Y_{ab2} ... Y_{abn} T_{ab}	$T_{(j=b)}$	$\bar{Y}_{(j=b)}$	$T^2_{(j=b)}$	$Q_{(j=b)}$
T_i	$T_{(i=1)}$	$T_{(i=2)}$	...	$T_{(i=a)}$	$T=\sum T_j$ $T=\sum T_i$	–	–	–
$\bar{Y}_i$	$\bar{Y}_{(i=1)}$	$\bar{Y}_{(i=2)}$	...	$\bar{Y}_{(i=a)}$	–	–	$\sum T_j^2$	–
T_i^2	$T^2_{(i=1)}$	$T^2_{(i=2)}$	...	$T^2_{(i=a)}$	–	–	$\sum T_i^2$	–
Q_i	$Q_{(i=1)}$	$Q_{(i=2)}$	...	$Q_{(i=a)}$	–	–	–	$Q=\sum Q_j$ $Q=\sum Q_i$
$\sum T_{ij}^2$	$\sum T_{1j}^2$	$\sum T_{2j}^2$	...	$\sum T_{aj}^2$	$\sum\sum T_{ij}^2$			

Onde:

$$T_{11} = Y_{111} + Y_{112} + \ldots + Y_{11n}$$

$$T_{(i=1)} = T_{11} + T_{12} + \ldots + T_{1b}; \qquad T_{(j=1)} = T_{11} + T_{21} + \ldots + T_{a1}$$

$$T^2_{(i=1)} = T_{(i=1)} \cdot T_{(i=1)}; \qquad T^2_{(j=1)} = T_{(j=1)} \cdot T_{(j=1)}$$

$$\bar{Y}_{(i=1)} = \frac{T_{(i=1)}}{bn}; \qquad \bar{Y}_{(j=1)} = \frac{T_{(j=1)}}{an}$$

$$Q_{(i=1)} = Y^2_{111} + Y^2_{112} + \ldots + Y^2_{11n} + Y^2_{121} + Y^2_{122} + \ldots + Y^2_{12n} + \ldots + Y^2_{1b1} + Y^2_{1b2} + \ldots + Y^2_{1bn}$$

$$Q_{(j=1)} = Y^2_{111} + Y^2_{112} + \ldots + Y^2_{11n} + Y^2_{211} + Y^2_{212} + \ldots + Y^2_{21n} + \ldots + Y^2_{a11} + Y^2_{a12} + \ldots + Y^2_{a1n}$$

$$\sum_{j=1}^{b} T^2_{1j} = T^2_{11} + T^2_{12} + \ldots + T^2_{1b}$$

$$\sum_{i=1}^{a}\sum_{j=1}^{b} T^2_{ij} = \sum T^2_{1j} + \sum T^2_{2j} + \ldots + \sum T^2_{aj}$$

A tabela de ANOVA deve incluir linhas referentes à interação entre os fatores linha e coluna e ao subtotal referente a parcela entre os tratamentos.

Tabela 4.5 Tabela de ANOVA

Fonte de variação	Soma dos quadrados	Graus de liberdade	Quadrados médios	F_{calc}
Entre colunas	SQC	(a – 1)	$S_C^2 = \frac{SQC}{a-1}$	$F_{calc}^C = \frac{S_C^2}{S_R^2}$
Entre linhas	SQL	(b – 1)	$S_L^2 = \frac{SQL}{b-1}$	$F_{calc}^L = \frac{S_L^2}{S_R^2}$
Interação	SQI	(a – 1) · (b – 1)	$S_I^2 = \frac{SQI}{(a-1)\cdot(b-1)}$	$F_{calc}^I = \frac{S_I^2}{S_R^2}$
Subtotal (entre tratamentos)	SQTr	ab – 1	$S_{Tr}^2 = \frac{SQTr}{ab-1}$	
Residual	SQR	ab (n – 1)	$S_R^2 = \frac{SQR}{ab(n-1)}$	
Total	SQT	abn – 1		

Tabela 4.6 Resumo da formulação utilizada

$S_C^2 = \frac{SQC}{a-1}$	$SQC = \frac{\sum_{i=1}^{a} T_i^2}{bn} - \frac{T^2}{abn}$
$S_L^2 = \frac{SQL}{b-1}$	$SQL = \frac{\sum_{j=1}^{b} T_j^2}{an} - \frac{T^2}{abn}$
$S_I^2 = \frac{SQI}{(a-1)\cdot(b-1)}$	$SQI = SQTr - SQC - SQL$
$S_{Tr}^2 = \frac{SQTr}{ab-1}$	$SQTr = \frac{\sum_{i=1}^{a}\sum_{j=1}^{b} T_{ij}^2}{n} - \frac{T^2}{abn}$
$S_R^2 = \frac{SQR}{ab(n-1)}$	$SQR = SQT - SQTr =$ $SQT - SQC - SQL - SQI$
$S_T^2 = \frac{SQT}{abn-1}$	$SQT = Q - \frac{T^2}{abn}$

TESTE DA EXISTÊNCIA DE INTERAÇÃO

O F crítico da interação é determinado entrando-se na tabela "F" de Snedecor com o nível de significância (α) e:

Numerador: $(a - 1) \cdot (b - 1)$
Denominador: $ab \cdot (n - 1)$

REGRA DE DECISÃO, AO NÍVEL α DE SIGNIFICÂNCIA

Se: $F^I_{calc} \leq F_{crit}$ → A interação entre os fatores A e B não é significativa
Se: $F^I_{calc} > F_{crit}$ → A interação entre os fatores A e B é significativa

TESTE DOS EFEITOS DE A E B,

Devemos testar os efeitos dos fatores linha e coluna em relação ao erro residual:

$$F^C_{calc} = \frac{S^2_C}{S^2_R}; \quad e \quad F^L_{calc} = \frac{S^2_L}{S^2_R}$$

Para a determinação dos F críticos relativos aos fatores coluna e linha, entramos na tabela "F" de Snedecor com $\underline{\alpha}$ e:

Entre colunas: Numerador: $(a - 1)$
Denominador: $ab\,(n - 1)$
Entre linhas: Numerador: $(b - 1)$
Denominador: $ab\,(n - 1)$

REGRA DE DECISÃO

Se $F^C_{calc} \leq F^C_{crit}$ e $F^L_{calc} \leq F^L_{crit}$ → Aceita-se H_0. Não existe diferença entre os tratamentos, ao nível α de significância.

Se $F^C_{calc} > F^C_{crit}$ ou $F^L_{calc} > F^L_{crit}$ → Rejeita-se H_0. Existe diferença entre os tratamentos, ao nível a de significância.

Exemplo 2:

Foram feitos ensaios com baterias para verificar a influência dos fatores material e temperatura ambiente na sua vida útil. Foram testados 3 tipos de baterias em 3 temperaturas diferentes, com ensaios com 4 repetições. Os resultados são dados a seguir, em horas. Verificar se existem vidas diferentes para os fatores considerados, com α = 5%. Verificar, também, se existe interação entre os fatores.

Solução:

H_0: $\mu_{Alpha} = \mu_{Beta} = \mu_{Gama}$ e
$\mu_{+50°} = \mu_{+20°} = \mu_{-10°}$
H_1: Pelo menos 2 μ_{ij} são diferentes

Temp. (j)	Material (i) Alpha (1)	Beta (2)	Gama (3)	T_j	$\bar{Y}_j$	T_j^2	Q_j
+50°C (1)	69 60 64 58 $T_{11} = 251$	58 60 65 59 $T_{21} = 242$	39 38 47 42 $T_{31} = 166$	659	54,92	434.281	37.429
+20°C (2)	67 58 66 70 $T_{12} = 261$	61 60 67 62 $T_{22} = 250$	53 59 63 58 $T_{32} = 233$	744	62,00	553.536	46.386
-10°C (3)	75 60 68 70 $T_{13} = 273$	62 65 63 69 $T_{23} = 259$	60 63 61 61 $T_{33} = 245$	777	64,75	603.729	50.559
T_i	785	751	644	T = 2.180			
$\bar{Y}_i$	65,42	62,58	53,67				
T_i^2	616.225	564.001	414.736			$\sum T_j^2 = 1.591.546$ $\sum T_i^2 = 1.594.962$	
Q_i	51.679	47.123	35.572				Q= 134.374
$\sum T_{ij}^2$	205.651	188.145	141.870		$\sum\sum T_{ij}^2 = 535.666$		

Temos: $a = 3$; $b = 3$; $n = 4$

$$SQT = Q - \frac{T^2}{abn} = 134.374 - \frac{2.180^2}{3 \times 3 \times 4} = 2.362,89$$

$$SQC = \frac{\Sigma T_i^2}{b \cdot n} - \frac{T^2}{abn} = \frac{1.594.962}{3 \times 4} - \frac{2.180^2}{3 \times 3 \times 4} = 902,39$$

$$SQL = \frac{\Sigma T_j^2}{a \cdot n} - \frac{T^2}{abn} = \frac{1.591.546}{3 \times 4} - \frac{2.180^2}{3 \times 3 \times 4} = 617,72$$

$$SQTr = \frac{\Sigma\Sigma T_{ij}^2}{n} - \frac{T^2}{abn} = \frac{535.666}{4} - \frac{2.180^2}{3 \times 3 \times 4} = 1.905,39$$

$$SQI = 1.905,39 - 902,39 - 617,72 = 385,28$$

$$SQR = 2.362,89 - 1.905,39 = 457,50$$

Análise de variância

Fonte de variação	Soma dos quadrados	Graus de liberdade	Quadrados médios	F_{calc}
Entre colunas (material)	902,39	2	451,19	$F^{C}_{calc} = \frac{451,19}{16,94} = 26,63$
Entre linhas (temperatura)	617,72	2	308,86	$F^{L}_{calc} = \frac{308,86}{16,94} = 18,23$
Interação	385,28	4	96,32	$F^{I}_{calc} = \frac{96,32}{16,94} = 5,68$
Subtotal	1.905,39	8	238,17	
Residual	457,50	27	16,94	
Total	2.362,89	35		

Teste de existência de interação

Com: a = 5%; Numerador: 4; Denominador = 27, vem:

$F^{I}_{crit} = 2,73$

Como: F_{calc} (= 5,68) > F^{I}_{crit} = (2,73), concluímos que há interação entre os fatores material e temperatura.

Teste dos efeitos do material e temperatura na presença de interação

α = 5%

Entre Colunas: Numerador: 2
Denominador: 27
F^{C}_{crit} (= 3,35) < F^{C}_{calc} (= 26,63)

Entre Linhas: Numerador: 2
Denominador: 27
F^{L}_{crit} (= 3,35) < F^{L}_{calc} (= 18,23)

Concluímos, então, que existe diferença entre os tratamentos de temperatura e entre os tratamentos de material.

4.4 COMPARAÇÕES MÚLTIPLAS

De forma similar ao procedimento apresentado no capítulo 3, vamos adotar o método de Duncan. Neste caso, devemos verificar antes se existe ou não interação entre os fatores.

A diferença mínima significativa de Duncan, para a diferença de duas médias é dada por:

$$dms_p = r_{\alpha;\, p;\, f} \cdot S$$

Onde: S — desvio padrão, calculado de acordo com a comparação a ser feita;

$r_{(\alpha;\, p;\, f)}$ — retirado da tabela para o método de Duncan;

α — nível de significância do experimento;

p — número de médias internas à comparação, incluindo os extremos ($p = 2,3...N$);

f — número de graus de liberdade do erro (resíduo).

COMPARAÇÕES QUANDO EXISTE INTERAÇÃO

Quando existe interação, devemos comparar as médias das combinações dos tratamentos (u_{ij}), em vez das médias das colunas e das linhas, porque a interação pode confundir os resultados.

Assim, teoricamente, teríamos de efetuar a comparação entre todas as médias de combinações de tratamentos, duas a duas, exceto aquelas internas a intervalos onde não existe diferença.

Neste caso, o desvio padrão a ser usado é o das médias das combinações de tratamentos, que é dado por:

$$S = S_{\bar{Y}_{ij}} = \sqrt{\frac{S_R^2}{n}}$$

Outra forma seria fixarmos um dos dos fatores (A) num nível determinado e efetuar as comparações múltiplas das médias dos tratamentos do outro fator (B), para aquele nível estabelecido de A. Depois, fixaríamos o outro fator (B) e faríamos as comparações das médias dos tratamentos do fator A, para aquele nível estabelecido de B. O desvio padrão a ser utilizado é o mesmo dado acima.

COMPARAÇÕES QUANDO NÃO EXISTE INTERAÇÃO

Neste caso, é melhor comparar as médias das colunas e as médias das linhas, para verificar quais são os tratamentos diferentes em cada fator.

Para a comparação das médias dos níveis do **fator A**, o desvio padrão é dado por:

$$S = S_{\bar{Y}_i} = \sqrt{\frac{S_R^2}{b \cdot n}}$$

Para a comparação das médias dos níveis do **fator B**, o desvio padrão é dado por:

$$S = S_{\bar{Y}_j} = \sqrt{\frac{S_R^2}{a \cdot n}}$$

REGRA DE DECISÃO

Se $|\bar{Y}_w - \bar{Y}_k| \leq dms_P \rightarrow$ Não existe diferença entre as médias de w e k.

Se $|\bar{Y}_w - \bar{Y}_k| > dms_P \rightarrow$ Existe diferença entre as médias de w e k.

Exemplo 3:

As respostas médias das combinações dos tratamentos do exemplo 2 deste capítulo são dadas a seguir. Fazer as comparações múltiplas das médias obtidas para os materiais e as temperaturas, usando α = 5 %.

Temp. (j)	Material (i)		
	Alpha (1)	Beta (2)	Gama (3)
+ 50°C (1)	62,75	60,50	41,50
+ 20°C (2)	65,25	62,50	58,25
– 10°C (3)	68,25	64,75	61,25

Dados obtidos no exemplo 2:

$S_R^2 = 16{,}94$

f = graus de liberdade do resíduo = 27

Solução:

Como existe interação entre os fatores material e temperatura, não há sentido em se comparar as médias das colunas e das linhas.

O que se deve fazer é comparar as médias obtidas para as combinações dos tratamentos, para alguns níveis de cada fator. Inicialmente, vamos representar as médias obtidas nas figuras a seguir, para uma melhor visualização do problema e escolha das comparações de interesse.

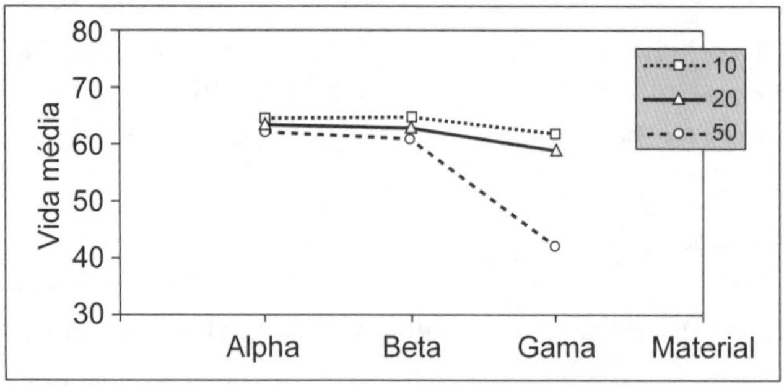

Figura 4.4 *— Vidas médias das baterias, variando-se o material.*

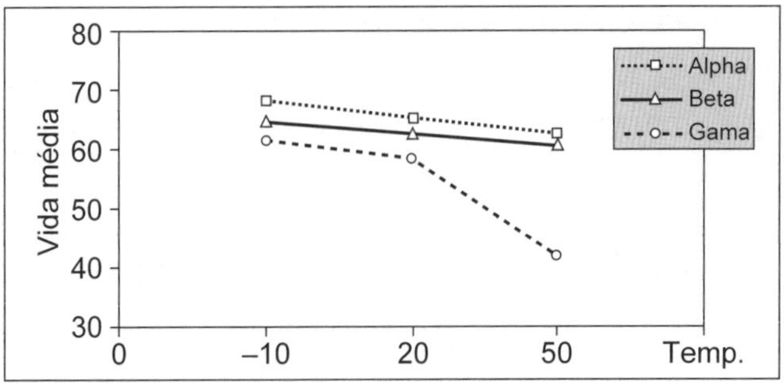

***Figura 4.5** — Vidas médias das baterias, variando-se a temperatura.*

Analisando as figuras, podemos verificar que a vida das baterias tem um grande decréscimo na temperatura de +50 °C, quando se usa o material Gama. Aparentemente, a vida não muda muito para os materiais Alpha e Beta, quando se varia a temperatura. Vamos comprovar isto através das comparações múltiplas de Duncan.

Na tabela de Duncan, para $\alpha = 5\%$ e $f = 27$, com interpolação obtém-se:

Intervalo com 2 médias: $r_{(5\%;\ 2;\ 27)} = 2{,}91$

Intervalo com 3 médias: $r_{(5\%;\ 3;\ 27)} = 3{,}06$

Daí, vem: $S = \sqrt{\dfrac{16{,}94}{4}} = 2{,}058$

$dms_2 = 2{,}91 \times 2{,}058 = 5{,}99$

$dms_3 = 3{,}06 \times 2{,}058 = 6{,}30$

Comparações entre os materiais, a -10 °C

$\bar{Y}_{Alpha} - \bar{Y}_{Gama} = 68{,}25 - 61{,}25 = 7{,}00 > dms_3\ (= 6{,}30)$ — Existe diferença

$\bar{Y}_{Alpha} - \bar{Y}_{Beta} = 68{,}25 - 64{,}75 = 3{,}50 < dms_2\ (= 5{,}99)$ — Sem diferença

$\bar{Y}_{Beta} - \bar{Y}_{Gama} = 64{,}75 - 61{,}25 = 3{,}50 < dms_2\ (= 5{,}99)$ — Sem diferença

Conclusão: As vidas médias para os materiais Alpha e Gama são diferentes, à temperatura de -10 °C. No entanto, não há diferenças significativas para — (Alpha e Beta) e (Beta e Gama).

(*Nota*: Esta aparente contradição pode ser explicada pelo fato de a média de Beta estar situada entre Alpha e Gama. Assim, Beta não é diferente de Alpha e Gama, embora estes sejam diferentes entre si. É como se comparássemos as idades de 3 irmãos e o menor e o maior fossem significativamente diferentes entre si, enquanto que o do meio pudesse ser considerado igual ao maior e também ao menor, por não diferir tanto, quer de um, quer do outro. Assim, em certas ocasiões ele poderia acompanhar o mais velho, enquanto que, em outras, ele faria companhia ao mais novo.)

Comparações entre os materiais, a +50°C

$|\bar{Y}_{Alpha} - \bar{Y}_{Beta}| = 62{,}75 - 60{,}50 = 2{,}25 < dms_2$ (= 5,99) – Sem diferença.

$|\bar{Y}_{Beta} - \bar{Y}_{Gama}| = 60{,}50 - 41{,}50 = 19{,}00 > dms_2$ (= 5,99) – Existe diferença.

Logo, Alpha também é diferente de Gama.

Comparações das vidas de Alpha a várias temperaturas

$|\bar{Y}_{-10} - \bar{Y}_{+50}| = 68{,}25 - 62{,}75 = 5{,}50 < dms_3$ (= 5,99)

Logo, não existe variação significativa das vidas das baterias usando o material Alpha, para as 3 temperaturas estudadas.

Comparações das vidas de Beta a várias temperaturas

$|\bar{Y}_{-10} - \bar{Y}_{+50}| = 64{,}75 - 60{,}50 = 4{,}25 < dms_3$ (= 5,99)

Logo, não existe variação significativa das vidas das baterias usando o material Beta, para as 3 temperaturas estudadas.

Comparações das vidas de Gama a várias temperaturas

$|\bar{Y}_{+20} - \bar{Y}_{+50}| = 58{,}25 - 41{,}50 = 16{,}75 > dms_2$ (= 5,99)

Logo, existe variação significativa das vidas das baterias usando o material Gama, nas temperaturas de +50° e +20°C. Como conseqüência, existe diferença das vidas entre +50° e -10°C.

$|\bar{Y}_{-10} - \bar{Y}_{+20}| = 61{,}25 - 58{,}25 = 3{,}00 < dms_2$ (= 5,99)

Logo, as vidas das baterias são iguais para +20° e -10°C.

Portanto, as baterias com o material Gama têm 2 classes de vida:

1.ª) Nas temperaturas de +20° e -10°C: vidas iguais,

2.ª) Na temperatura de +50°C: vida menor do que na classe acima.

Uma forma mais prática de se comparar as médias é fazer um gráfico em escala com um eixo e colocar todas as médias obtidas para as várias combinações de tratamentos (células).

Aí poderíamos visualizar melhor que comparações deveriam ser feitas, evitando-se comparações e contas desnecessárias no método de Duncan. Neste exemplo, teríamos a seguinte figura:

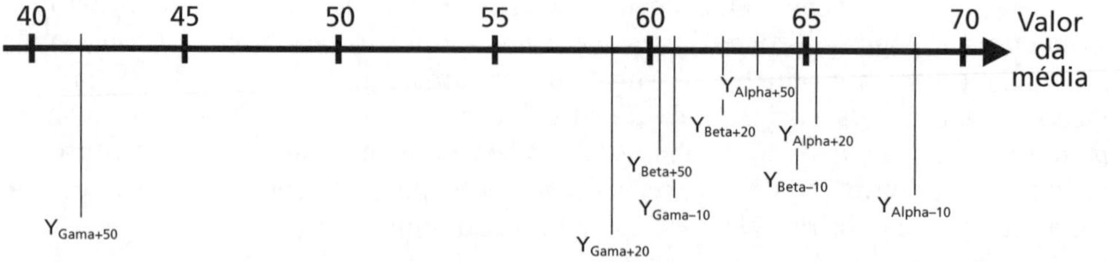

Está visível que a média do tratamento mais à esquerda (Gama, +50°C) está longe das demais. Assim, poderíamos compará-la com a média do tratamento mais próximo a sua direita (Gama, +20°C):

$$|\bar{Y}_{Gama,\ +20} - \bar{Y}_{Gama\ +50}| = 58{,}25 - 41{,}50 = 16{,}75 > dms_2\ (= 5{,}99)$$

Logo, a média de (Gama, +50°C) é diferente (e pior) do que a de (Gama, +20°C) e, consequentemente, do que todas as outras médias das outras células, sem a necessidade de novas comparações com essas outras. Isto evitaria trabalho desnecessário do leitor.

Se estivéssemos procurando selecionar as melhores baterias que pudessem ser utilizadas nas 3 temperaturas em questão, poderíamos eliminar a bateria Gama, pois a sua média na temperatura +50°C é muito diferente e pior do que as demais.

Uma nova figura poderia ser feita, apenas com as médias das baterias Alpha e Beta, já que Gama estaria eliminada. Isto é visto a seguir, com figura em escala maior para melhor visualização.

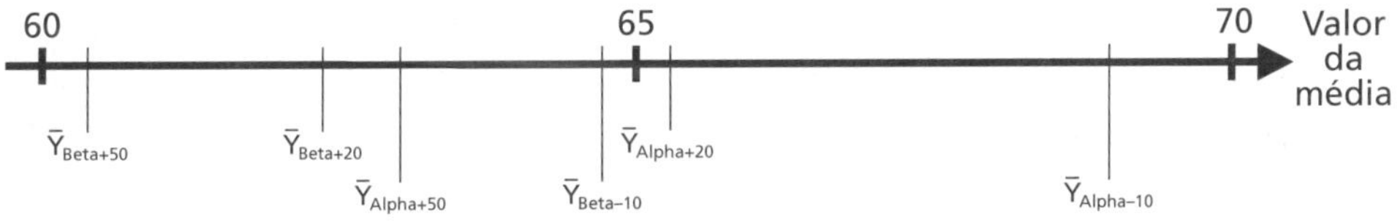

Agora, poderíamos utilizar o método de Duncan, comparando as médias das combinações de tratamento resultantes (apenas das baterias Alpha e Beta) nas várias temperaturas. Por exemplo, poderíamos comparar:

- (Alpha, -10°C) com (Beta, +50°C). Por exemplo, se fossem iguais, não haveria a necessidade de qualquer outra comparação, pois todos os tratamentos (incluindo os intermediários) seriam iguais. Então, as comparações poderiam ser consideradas terminadas.
- (Alpha, -10°C) com (Alpha, +20°C). Por exemplo, se fossem diferentes, não precisaríamos comparar (Alpha, -10°C) com todas as demais. Se, no entanto, fossem iguais, poderíamos fazer as outras comparações de (Alpha, -10°C) com as demais.

Faríamos, então, todas as comparações necessárias para configurar suficientemente os grupos de resultados dos tratamentos. Isto é deixado a cargo do leitor, se houver interesse.

Exemplo 4:

Uma organização estava interessada em reduzir o tempo de entrega de seus produtos ao seu cliente principal. Para isto, ela dispõe de 3 empresas transportadoras e de 4 trajetos possíveis e delineou um experimento para a verificação dos tempos gastos desde a convocação da transportadora até a entrega ao cliente. Os resultados constam da tabela a seguir, em horas. Informar se existem diferenças entre as empresas e os trajetos e se existe interação entre os fatores. Fazer as comparações Múltiplas de Duncan, usando $\alpha = 1\%$, se necessário, e separar os tratamentos em classes de tempo de entrega.

Transportadora	**Trajeto**			
	1	**2**	**3**	**4**
1 – Alpha	5,1 5,0 5,2	5,0 6,0 5,4	6,1 6,6 5,9	5,1 5,2 5,0
2 – Beta	5,0 5,9 5,3	5,0 5,7 5,3	6,8 6,0 6,5	5,6 5,9 5,2
3 – Gama	5,8 5,9 5,9	5,4 5,9 5,7	6,0 6,5 6,1	5,3 5,6 5,8

Solução:

$a = 4$; $b = 3$; $n = 3$

A tabela de dados é dada a seguir:

Transp (j)	**Trajeto (i)**				T_j	$Y_{médio}$	T_j^2	Q_j
	1	2	3	4				
1 Alpha	5,1 5,0 5,2 $T_{11} = 15,3$	5,0 6,0 5,4 $T_{21} = 16,4$	6,1 6,6 5,9 $T_{31} = 18,6$	5,1 5,2 5,0 $T_{41} = 15,3$	65,6	5,47	4.303,36	361,84
2 Beta	5,0 5,9 5,3 $T_{12} = 16,2$	5,0 5,7 5,3 $T_{22} = 16,0$	6,8 6,0 6,5 $T_{32} = 19,3$	5,6 5,9 5,2 $T_{42} = 16,7$	68,2	5,68	4.651,24	391,18
3 Gama	5,8 5,9 5,9 $T_{13} = 17,6$	5,4 5,9 5,7 $T_{23} = 17,0$	6,0 6,5 6,1 $T_{33} = 18,6$	5,3 5,6 5,8 $T_{43} = 16,7$	69,9	5,83	4.886,01	408,27
T_i	49,1	49,4	56,5	48,7	$T = 203,7$			
$Y_{médio}$	5,46	5,49	6,28	5,41	$\sum T_j^2 = 13.840,61$			
T_i^2	2.410,81	2.440,36	3.192,25	2.371,69	$\sum T_i^2 = 10.415,11$			
Q_i	269,21	272,20	355,53	264,35	$\sum Q_i = 1.161,29$			
$\sum T_{ij}^2$	806,29	813,96	1.064,41	791,87	$\sum\sum T_{ij}^2 = 3.476,53$			

As hipóteses iniciais e a tabela de ANOVA resultante são dadas a seguir:

H_0: $\mu_{\text{Trajeto 1}} = \mu_{\text{Trajeto 2}} = \mu_{\text{Trajeto 3}} = \mu_{\text{Trajeto 4}}$; e
$\mu_{\text{Alpha}} = \mu_{\text{Beta}} = \mu_{\text{Gama}}$
H_1: Pelo menos 2 μ_{ij} são diferentes

Tabela de ANOVA

Fonte de variação	Soma dos quadrados	Graus de liberdade	Quadrados médios	F_{calc}	F_{crit}
Trajeto	4,632	3	1,544	15,14	4,72
Transportadora	0,782	2	0,391	3,83	5,61
Interação	0,827	6	0,138	1,35	3,67
Subtotal	6,241	11	0,567		
Residual	2,447	24	0,102		
Total	8,688	35			

Pela tabela de ANOVA acima podemos concluir, com 99% de confiança, que:

Interação: $F^I_{calc} < F^I_{crit}$: A interação entre os fatores A e B não é significativa.

Coluna: $F^C_{calc} > F^C_{crit}$: Existe diferença entre os tratamentos do fator trajeto.

Linha: $F^L_{calc} < F^L_{crit}$: Não existe diferença entre os tratamentos do fator transportadora.

Portanto, não é necessário comparar as médias das transportadoras porque não existe diferença estatisticamente significativa entre elas.

Assim, devemos comparar apenas as médias dos trajetos 1, 2, 3 e 4, o que é feito a seguir.

Comparações múltiplas de Duncan

$$S = \sqrt{\frac{S_R^2}{b \cdot n}} = \sqrt{\frac{0{,}102}{3 \times 3}} = 0{,}106$$

Na tabela de Duncan obtêm-se os valores de r:

Intervalo com 2 médias: $r_{(1\%;\,2;\,30)} = 3{,}89 \therefore dms_2 = 3{,}89 \times 0{,}106 = 0{,}412$

Intervalo com 3 médias: $r_{(1\%;\,3;\,30)} = 4{,}06 \therefore dms_3 = 4{,}06 \times 0{,}106 = 0{,}430$

Daí, podemos comparar as médias:

$|\bar{Y}_3 - \bar{Y}_2| = 0{,}79 > dms_2$: Trajetos 2 e 3 são diferentes

$|\bar{Y}_2 - \bar{Y}_4| = 0{,}08 < dms_3$: Sem diferenças entre os trajetos 2 e 4.

Ou seja, os trajetos 1, 2 e 4 são iguais. (Observe-se que a média 1 está entre 2 e 4.)

Os resultados podem ser visualizados na figura a seguir.

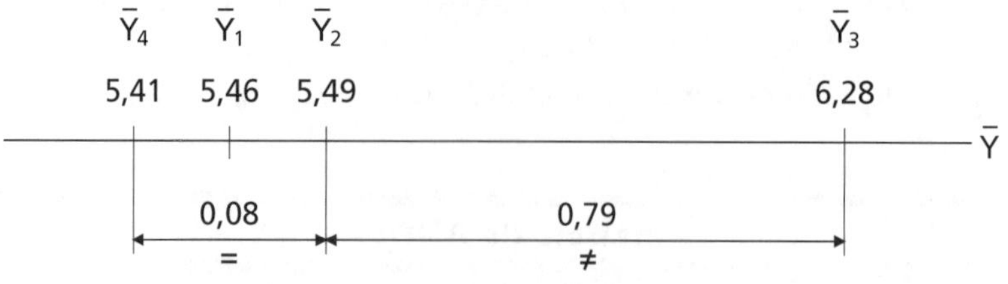

(Nota: figura fora de escala)

Conclusões finais, ao nível de 1% de significância:

a) Os trajetos podem ser divididos em 2 grupos:
- Trajetos 1, 2 e 4 – equivalentes entre si e melhores que o 3; e
- Trajeto 3 – pior de todos.

b) As transportadoras são equivalentes entre si.

c) Não existe interação significativa entre os fatores trajeto e transportadora.

4.5 USO DA ANOVA SEM INTERAÇÃO

Alguns autores recomendam que quando não existe interação, por hipótese inicial ou por conclusão do teste "F", a ANOVA inicial deve ser refeita, recalculando-se a Soma de Quadrados Residual e os graus de liberdade do erro residual. Isto é feito da seguinte forma:

SQR = SQT - SQC - SQL

Novo GL do Residual = GL Total - GL Colunas - GL Linhas =
= (abn -1) - (a -1) - (b - 1) = abn - a - b + 1

Como as parcelas que eram atribuídas à interação passam a ser incorporadas ao erro residual, as expressões acima também poderiam ser obtidas somando-se as parcelas anteriores da interação e do erro residual, obtendo-se os mesmos resultados:

SQR = SQR Anterior + SQI = SQT - SQC - SQL

Novo GL do Residual = GL Anterior do Residual + GL da interação =
= ab (n - 1) + (a -1) · (b -1) = abn - a - b -1

Devemos então refazer a tabela de ANOVA, refazendo-se os cálculos de F_{calc}, tal como indicado a seguir:

Tabela 4.7 — Tabela de ANOVA, na ausência de interação

Fonte de variação	Soma dos quadrados	Graus de liberdade	Quadrados médios	F_{calc}
Entre colunas	SQC	(a – 1)	$S_c^2 = \frac{SQC}{a-1}$	$F_{calc}^C = S_c^2 / S_R^2$
Entre linhas	SQL	(b – 1)	$S_L^2 = \frac{SQL}{b-1}$	$F_{calc}^L = S_L^2 / S_R^2$
Residual	SQR	abn – a – b+1	$S_R^2 = \frac{SQR}{abn-a-b+1}$	
Total	SQT	abn – 1		

Os F críticos dos fatores coluna e linha são obtidos entrando-se na tabela F de Snedecor com $\underline{\alpha}$ e:

Entre colunas: Numerador: a - 1; Denominador: abn - a - b + 1
Entre linhas: Numerador: b - 1; Denominador: abn - a - b + 1

A regra de decisão é a mesma dada para o caso de presença de interação.

Exemplo 5:

Refazer o exemplo 4 usando o modelo de ANOVA sem interação.

Solução:

No Exemplo 4 deste capítulo, a tabela de ANOVA era:

Fonte de Variação	Soma dos quadrados	G.L	Quadrados Médios	F_{calc}	F_{crit}
Trajeto	4,632	3	1,544	15,14	4,72
Transportadora	0,782	2	0,391	3,83	5,61
Interação	0,827	6	0,138	1,35	3,67
Sub-total	6,241	11	0,567		
Residual	2,447	24	0,102		
Total	8,688	35			

Como $F^I_{calc} < F^I_{crit}$ não existe interação e a tabela de ANOVA pode ser refeita.

Observe-se que continuam inalterados: SQC, SQL, SQT e seus respectivos graus de liberdade. No entanto, SQR e seus graus de liberdade mudam:

$$SQR = SQT - SQC - SQL = 8{,}688 - 4{,}632 - 0{,}782 = 3{,}274$$

$$GL_R = GL_{SQT} - GL_{SQC} - GL_{SQL} = 35 - 3 - 2 = 30$$

A nova tabela de ANOVA é dada a seguir:

Fonte de Variação	Soma dos Quadrados	G.L	Quadrados Médios	F_{calc}	F_{crit}
Trajeto	4,632	3	1,544	14,17	4,51
Transportadora	0,782	2	0,391	3,59	5,39
Residual	3,274	30	0,109		
Total	8,688	35			

Pela tabela acima podemos concluir que:

Coluna: $F^c_{calc} > F^c_{crit}$: Existe diferença entre os tratamentos do fator trajeto.

Linha: $F^L_{calc} < F^L_{crit}$: Não existe diferença entre os tratamentos do fator transportadora.

Neste exemplo, podemos observar que a mudança da tabela de ANOVA não trouxe alteração das conclusões. Porém, isto não é regra geral e, pelo contrário, as conclusões podem variar.

RESTRIÇÕES AO USO DA ANOVA SEM INTERAÇÃO

O uso da ANOVA sem interação só é recomendável quando o engenheiro da qualidade ou pesquisador tiver convicção de que não existe interação entre os fatores. A interação pode existir mesmo quando ela não for considerada significativa no teste de "F". Isto pode ocorrer, por exemplo, quando o erro residual é grande, reduzindo o Fcalc, ou quando o número de réplicas é pequeno e insuficiente para detectar essa interação.

Quando se adota o modelo de ANOVA sem interação, a Soma de quadrados e os graus de liberdade do erro residual variam e a interpretação dos resultados pode mudar drasticamente, podendo levar a falhas no julgamento se a interação realmente existir. O exemplo a seguir procura elucidar o assunto. Verificar se há indícios de interação entre os fatores A e B.

Exemplo 6:

Foram realizados experimentos para verificar a influência dos tratamentos de 2 fatores nos resultados de certo processo. Os resultados são dados na tabela a seguir. Deseja-se usar nível de 5% de significância. Verificar se há indícios de interação entre os fatores A e B.

Fator B. (j)	Fator A (i)		
	1	2	3
1	6,8	6,7	5,9
	7,5	5,7	5,1
	7,3	5,5	5,4
2	6,2	5,7	3,8
	6,5	6,1	4,6
	7,0	6,6	4,2

Neste caso, temos: a = 3; b = 2; n = 3.

A tabela de ANOVA inicial é:

Fonte de variação	Soma dos quadrados	G.L	Quadrados médios	F_{calc}	F_{crit}	P_{valor} (%)
Entre colunas	12,7544	2	6,3772	31,024	3,885	0,002
Entre linhas	1,5022	1	1,5022	7,308	4,747	1,919
Interação	1,5478	2	0,7739	3,765	3,885	5,382
Subtotal	15,8044	5	3,1609			
Residual	2,4667	12	0,2056			
Total	18,2711	17				

As médias das células (combinações dos tratamentos) e o gráfico correspondente são dados a seguir.

Fator B (j)	Fator A (i)		
	A-1	A-2	A-3
B-1	7,20	5,97	5,47
B-2	6,57	6,13	4,20

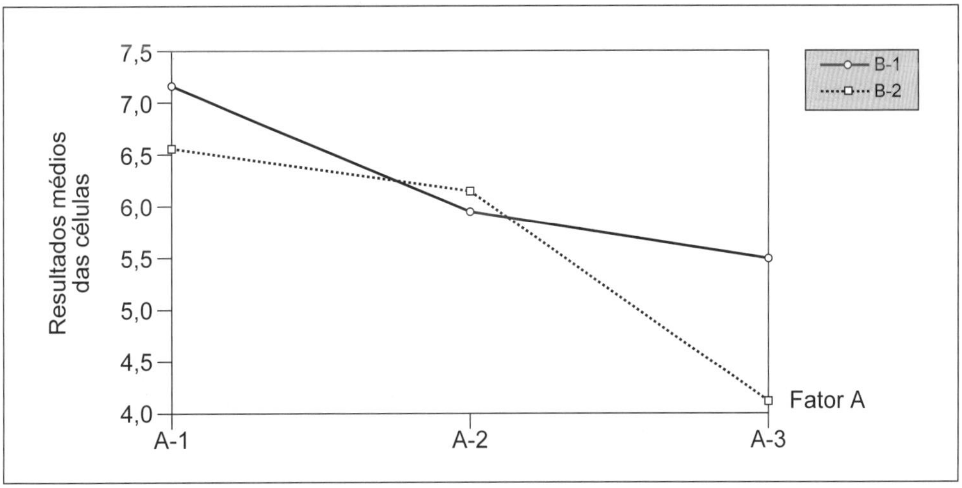

Conforme pode ser observado na figura acima, não existe paralelismo entre as linhas correspondentes às médias de B-1 e B-2. Isto dá uma forte indicação da existência de interação, embora o teste de F tenha indicado que esta não é significativa ao nível de 5% de significância. Também se pode observar na tabela de ANOVA que o Fcalc da interação é muito próximo do F_{crit}, e que o α mínimo (P-valor) que levaria à rejeição da hipótese nula referente à interação é de 5,382%, valor muito próximo do nível de significância utilizado neste exemplo.

Desta forma, existem fortes evidências de que existe interação e a utilização do modelo de ANOVA sem interação parece não ser adequada neste exemplo.

4.6 NÚMERO MÍNIMO DE RÉPLICAS

Até este ponto, consideramos apenas a proteção dada contra o erro tipo I (Probabilidade α), sem levarmos em consideração o erro tipo II (Probabilidade β). Isto significa que poderíamos estar aceitando que as médias dos tratamentos fossem iguais, quando na realidade estas poderiam ser diferentes.

Para evitar que isso ocorra e para garantir a proteção adequada contra os dois tipos de erro, é necessário que exista um número mínimo de réplicas por tratamento. Esse número pode ser obtido por tentativas, usando-se as curvas características de operação de cada caso específico.

O roteiro a seguir mostra um caminho alternativo para a determinação do número mínimo de réplicas de forma que α e β não sejam superiores a certos valores estabelecidos, para o caso do modelo de efeitos fixos, que é o mais comum. Para dar uma idéia sobre o assunto e facilitar a vida do leitor, foi preparada a Tabela 4.8 onde os valores mínimos de ϕ foram obtidos pela leitura das curvas do Anexo B da referência (4). Assim, embora a tabela apresente valores de ϕ com 2 casas decimais, a precisão não é muito rigorosa e recomenda-se ao leitor utilizar as próprias curvas características de operação das referências (1) ou (4) caso necessite de maior precisão. Estas referências podem também ser consultadas para o caso do uso do modelo de efeitos aleatórios.

ROTEIRO PARA DETERMINAÇÃO DO NÚMERO MÍNIMO DE RÉPLICAS

(Experimentos com 2 fatores – Modelo de efeitos fixos)

1 – Estabelecer os máximos erros permitidos:

Erro tipo I = α; e

Erro tipo II = β

2 – Estimar a variância (σ^2) do processo.

(Na falta de dados mais precisos, usar o S_R^2 da ANOVA).

3 – Estabelecer a diferença mínima (D) que se quer detectar entre duas médias de tratamentos.

4 – Calcular ϕ^2 para os fatores A e B:

Para o fator A: $\phi_A^2 = \dfrac{n \cdot b \cdot D^2}{2 \cdot a \cdot \sigma^2}$; Para o fator B: $\phi_B^2 = \dfrac{n \cdot a \cdot D^2}{2 \cdot b \cdot \sigma^2}$

5 – Calcular ϕ_A e ϕ_B:

Extrair a raiz quadrada positiva dos ϕ^2 calculados acima.

6 – Obter o ϕ_{min} na tabela, usando os graus de liberdade abaixo:

Para o fator A: $\phi_{mín.\,A}$
$\nu_1 = a - 1$
$\nu_2 = a \cdot b \cdot (n - 1)$

Para o fator B: $\phi_{mín,\,B}$
$\nu_1 = b - 1$
$\nu_2 = a \cdot b \cdot (n - 1)$

7 – Comparar $\phi_{mín,\,A}$ com ϕ_A e $\phi_{mín,\,B}$ com ϕ_B

Se: $\phi_A < \phi_{min,A}$ ou $\phi_B < \phi_{mín,B}$, então o número de réplicas é insuficiente e deve ser aumentado.

EFEITOS DA INTERAÇÃO

Caso haja interesse na detecção de uma diferença mínima (D) entre dois efeitos quaisquer da interação entre A e B, o procedimento a ser seguido é similar ao dado acima, comparando-se o $\phi_{(A\text{-}B)}$ com o ϕ mínimo da interação (A-B), sendo:

$$\phi^2 \text{ da interação} = \phi^2_{(A\text{-}B)} = \frac{n \cdot D^2}{2 \cdot \sigma^2 \cdot [(a-1)\cdot(b-1)+1]}$$

$\phi_{(A\text{-}B)}$ = Raiz quadrada de $[\phi^2_{(A\text{-}B)}]$

O ϕ mínimo para se detectar a interação entre A e B $[\phi_{min,\,(A\text{-}B)}]$ é obtido entrando-se na tabela 4.8 com os seguintes graus de liberdade:

$\nu_1 = (a - 1) \cdot (b - 1)$

$\nu_2 = a \cdot b \cdot (n - 1)$

Tabela 4.8 Valores mínimos de ϕ, para certos valores máximos de α e β

$\alpha = 5\%$ $\beta = 5\%$	ν_1							
ν_2	1	2	3	4	5	6	7	8
6	3,08	3,06	2,96	2,89	2,84	2,82	2,78	2,76
8	2,91	2,86	2,69	2,61	2,53	2,51	2,46	2,44
10	2,82	2,73	2,52	2,43	2,36	2,33	2,27	2,24
12	2,77	2,66	2,44	2,33	2,26	2,23	2,15	2,12
15	2,71	2,57	2,37	2,24	2,17	2,13	2,06	2,00
20	2,68	2,49	2,28	2,14	2,08	2,03	1,94	1,89
30	2,64	2,43	2,21	2,05	2,00	1,94	1,83	1,78
60	2,59	2,35	2,13	1,99	1,90	1,84	1,75	1,70
∞	2,54	2,27	2,06	1,91	1,81	1,74	1,65	1,59

$\alpha = 5\%$ $\beta = 1\%$	ν_1							
ν_2	1	2	3	4	5	6	7	8
6	3,72	3,60	3,48	3,42	3,36	3,31	3,28	3,28
8	3,53	3,34	3,15	3,07	3,00	2,92	2,89	2,85
10	3,41	3,18	2,97	2,86	2,79	2,71	2,66	2,62
12	3,33	3,12	2,85	2,73	2,66	2,58	2,50	2,46
15	3,28	3,03	2,76	2,61	2,52	2,46	2,39	2,34
20	3,22	2,95	2,65	2,48	2,43	2,36	2,26	2,19
30	3,15	2,89	2,54	2,39	2,32	2,24	2,11	2,08
60	3,12	2,78	2,47	2,31	2,21	2,12	2,00	1,96
∞	3,08	2,70	2,42	2,23	2,11	2,01	1,88	1,84

$\alpha = 1\%$ $\beta = 5\%$	ν_1							
ν_2	1	2	3	4	5	6	7	8
6	4,25	4,15	4,08	4,03	3,98	3,89	3,89	3,89
8	3,84	3,65	3,53	3,45	3,36	3,31	3,28	3,28
10	3,63	3,41	3,22	3,14	3,04	2,98	2,95	2,91
12	3,51	3,25	3,06	2,94	2,85	2,81	2,74	2,69
15	3,41	3,11	2,92	2,77	2,67	2,63	2,52	2,48
20	3,30	2,96	2,76	2,63	2,48	2,42	2,33	2,25
30	3,20	2,85	2,64	2,47	2,33	2,28	2,16	2,07
60	3,09	2,74	2,51	2,33	2,20	2,12	1,98	1,91
∞	3,00	2,64	2,38	2,20	2,05	1,97	1,82	1,76

$\alpha = 1\%$ $\beta = 1\%$	ν_1							
ν_2	1	2	3	4	5	6	7	8
6	4,98	4,91	4,75	4,67	4,66	4,55	4,55	4,44
8	4,49	4,24	4,08	4,00	3,91	3,79	3,81	3,77
10	4,26	3,93	3,76	3,61	3,51	3,40	3,40	3,36
12	4,12	3,72	3,54	3,38	3,31	3,17	3,16	3,04
15	3,97	3,56	3,36	3,17	3,09	2,94	2,90	2,81
20	3,84	3,40	3,17	3,00	2,87	2,72	2,69	2,58
30	3,72	3,25	3,03	2,81	2,69	2,55	2,48	2,36
60	3,62	3,17	2,87	2,66	2,51	2,41	2,27	2,15
∞	3,53	3,04	2,72	2,54	2,36	2,19	2,09	1,95

(*Nota* —Valores aproximados obtidos utilizando as curvas do Anexo B da ref. 4)

Exemplo 7:

Calcular o número mínimo de réplicas para um experimento com os seguintes dados:

$\alpha = 5\%$; $\beta = 5\%$; $a = 4$; $b = 1$; $\sigma = 1$ cm; $D = 2{,}5$ cm

Solução:

Neste caso, existe apenas 1 fator (A) e não precisamos calcular ϕ_B.

Vamos iniciar as tentativas com n = 6. Daí vem:

$$\phi_A^2 = \frac{6 \times 1 \times 2{,}5^2}{2 \times 4 \times 1} = 4{,}6875$$

$$\therefore \phi_A = (\phi_A)^{1/2} = 2{,}165$$

$$\nu_1 = (a - 1) = 4 - 1 = 3$$

$$\nu_2 = a \cdot b \cdot (n - 1) = 4 \times 1 \times (6 - 1) = 20$$

Na Tabela 4.8, com $\alpha = 5\%$ e $\beta = 5\%$, vem:

$$\phi_{min} = 2{,}28$$

Como $\phi_A < \phi_{min,A}$ — O número de réplicas é insuficiente e deve ser aumentado.

Passando-se n para 7, vem:

$$\phi_A^2 = \frac{7 \times 1 \times 2{,}5^2}{2 \times 4 \times 1} = 5{,}4688 \qquad \therefore \phi_A = 2{,}339$$

Na Tabela 4.8, com $\nu_1 = 3$; $\nu_2 = 4 \times 1 \times 6 = 24$, interpolando-se vem:

$$\phi_{min,A} = 2{,}252$$

$$\therefore \phi_A > \phi_{min,A}$$

Logo, o número de réplicas (n = 7) é suficiente.

Exemplo 8:

Quais são as mínimas diferenças detectáveis entre duas médias para o seguinte experimento:

$a = 4$; $b = 3$; $n = 6$; $\alpha = 5\%$; $\beta = 1\%$; $\sigma = 3$ mm

Solução:

Na tabela de ϕ_{min}, com $\alpha = 5\%$; $\beta = 1\%$ e

Para o fator A: $\nu_1 = (a - 1) = 3$

$\nu_2 = a \cdot b \cdot (n - 1) = 4 \times 3 \times (6 - 1) = 60$

Obtém-se: $\phi_{min,A} = 2{,}47$

Para o fator B: $\nu_1 = (b - 1) = 2$

$\nu_2 = a \cdot b \cdot (n - 1) = 60$

Obtém-se $\phi_{mín,B} = 2{,}78$

Daí vem:

$$\text{Para o fator A: } \phi_A^2 = \frac{6 \times 3 \times D^2}{2 \times 4 \times 9} = 2{,}47^2 \qquad \therefore D_A = 4{,}94 \text{ mm}$$

$$\text{Para o fator B: } \phi_B^2 = \frac{6 \times 4 \times D^2}{2 \times 3 \times 9} = 2{,}78^2 \qquad \therefore D_B = 4{,}17 \text{ mm}$$

Conclusão:

As diferenças mínimas detectáveis são de 4,94 e 4,17 mm, para os fatores A e B, respectivamente.

4.7 CONSIDERAÇÕES SOBRE A APLICABILIDADE DO MODELO ADOTADO

O modelo estatístico adotado neste capítulo assumiu que as observações (respostas) tinham a mesma variância para todos os tratamentos dos fatores em estudo. O erro aleatório (ε_{ijk}) foi, então, assumido como atendendo a uma distribuição Normal, com média zero e variância (σ^2), para todos os tratamentos. Desta forma, é conveniente efetuar uma análise dos resíduos, para comprovar se o modelo adotado foi satisfatório ou não.

O resíduo é definido como a diferença entre o valor de uma resposta e a média das respostas do tratamento respectivo:

$$\varepsilon_{ijk} = Y_{ijk} - \overline{Y}_{ij}$$

Deve ser feito, então, o teste de Normalidade, comprovando-se que os resíduos têm distribuição próxima da Normal. Além deste, podem ser feitos outros testes para se avaliar a validade da suposição de independência das observações e da igualdade das variâncias, para os vários níveis dos fatores.

Dado o caráter introdutório deste livro, este assunto não é apresentado com maiores detalhes. Recomenda-se ao leitor interessado consultar as referências 1 e 4.

EXERCÍCIOS PROPOSTOS

1 — Um engenheiro da qualidade resolveu estudar o efeito do fertilizante na produtividade de uma cultura de feijão. Para isto selecionou 5 tipos de fertilizante (A, B, C, D e E) e fez o plantio em 3 tipos de terrenos em áreas com a mesma metragem, tendo obtido as produções (em sacas de 60 kg) dadas a seguir:

Terreno	Fertilizante				
	A	B	C	D	E
1	48	48	65	52	79
2	52	53	67	55	85
3	46	49	64	51	77

Informar se existe influência do fertilizante e do tipo do terreno na produção obtida. Caso exista, fazer as comparações múltiplas de Duncan. Usar α = 1%.

2 — Um engenheiro da qualidade resolveu testar a influência do fator umidade no tempo para início de oxidação do certo metal ferroso. Para isto, delineou um experimento com 4 níveis de umidade relativa e blocagem da temperatura em 3 níveis. Os resultados, em horas, são dados a seguir.

Temperatura	Umidade Relativa			
	90%	80%	70%	60%
85°C	32	34	40	36
75°C	35	36	40	42
65°C	37	39	43	45

Testar a influência dos dois fatores, com nível de significância de 5%, e fazer as comparações múltiplas de Duncan, se necessário.

3 – Uma organização estava interessada em reduzir o tempo de entrega de seus produtos ao seu cliente principal. Para isto, ela dispõe de 3 empresas transportadoras e de 5 trajetos possíveis e delineou um experimento para a verificação dos tempos gastos desde a convocação da transportadora até a entrega ao cliente. Os resultados constam da tabela a seguir, em horas. Informar se existem diferenças entre as empresas e os trajetos e se existe interação entre os fatores. Fazer as comparações Múltiplas de Duncan, usando $\alpha = 1\%$, se necessário.

Transportadora	Trajeto				
	1	2	3	4	5
Rei do Vale	5,3 5,5 5,4	5,0 5,6 5,3	4,7 4,6 4,8	5,3 5,2 5,4	7,3 7,4 7,1
Corneta	6,0 6,2 6,3	6,4 6,0 5,8	6,4 6,2 6,5	6,0 5,9 6,0	8,5 8,4 8,9
Porto Tur	5,7 5,8 5,9	6,2 5,5 6,1	6,0 6,0 6,3	5,7 5,5 5,6	8,4 8,3 8,2

4 – Uma organização estava interessada em reduzir o tempo de entrega de seus produtos ao seu cliente principal. Para isto, ela dispõe de 3 empresas transportadoras e de 4 trajetos possíveis e delineou um experimento para a verificação dos tempos gastos desde a convocação da transportadora até a entrega ao cliente. Os resultados constam da tabela a seguir, em horas. Informar se existem diferenças entre as empresas e os trajetos e se existe interação entre os fatores. Fazer as comparações Múltiplas de Duncan, usando $\alpha = 1\%$, se necessário, e separar os tratamentos em classes de tempo de entrega.

Transportadora	Trajeto			
	1	2	3	4
1 — Alpha	5,1 5,0 5,2	5,0 6,0 5,4	6,1 6,6 5,9	5,1 5,2 5,0
2 — Beta	5,0 5,9 5,3	5,0 5,7 5,3	6,8 6,0 6,5	5,6 5,9 5,2
3 — Gama	5,8 5,9 5,9	5,4 5,9 5,7	6,0 6,5 6,1	5,3 5,6 5,8

5 — *Um experimento foi delineado para uma investigação do efeito das máquinas e da composição de certo elemento constituinte (elemento Gama) na resistência à ruptura de uma fibra sintética. Os resultados são dados a seguir, em kgf aplicados em corpo de prova.*

a) *Verificar se existem influências dos fatores mencionados na resistência da fibra e se existe interação entre os fatores.*

b) *Fazer as comparações Múltiplas de Duncan, com* α = 5%, *e separar em classes de resistência.*

c) *Se você tivesse de selecionar a melhor combinação de máquina e composição química, que valor(es) você escolheria?*

Composição	Máquina					
	1	2	3	4	5	6
7,5%	113 109 108	111 114 113	109 111 110	110 108 109	118 119 109	116 114 111
10%	112 113 111	114 113 116	119 117 113	113 112 115	121 109 115	113 115 112
15%	108 115 100	108 104 109	106 104 105	103 106 115	116 109 114	108 105 113
20%	112 119 117	104 103 106	119 105 107	117 113 112	107 110 119	114 111 115

6 Um experimento foi delineado para uma investigação do efeito de 2 de suas matérias-primas constituintes (algodão e fibra sintética) na resistência à ruptura de um tecido. Os resultados são dados a seguir, em kgf aplicados em corpo de prova.

a) Verificar se existem influências dos fatores mencionados na resistência da fibra e se existe interação entre os fatores.

b) Fazer as comparações Múltiplas de Duncan, com α = 5%, e separar em classes de resistência.

c) Se você tivesse de selecionar a melhor combinação de matérias-primas, que valor(es) você escolheria?

Fibra sintética	Algodão			
	Tipo 1	Tipo 2	Tipo 3	Tipo 4
Tipo A	213 209 208	211 214 213	209 211 210	210 208 209
Tipo B	212 213 211	214 213 216	212 213 211	213 212 215

5 NOÇÕES SOBRE ALGUNS TIPOS DE EXPERIMENTOS: FATORIAL COM 3 FATORES, 2^p FATORIAL E QUADRADO LATINO

5.1 EXPERIMENTO FATORIAL COM 3 FATORES

Quando existem 3 fatores a serem estudados, o procedimento de análise é similar ao do experimento com 2 fatores, mas também deve ser considerada a possibilidade de existência de interações dos fatores dois a dois e de interação tripla.

O experimento, em geral, torna-se caro e complexo, devido à quantidade de ensaios a serem realizados. O número de cálculos é também maior do que no caso de 2 fatores, com mesmos números de tratamentos.

Vamos considerar 3 fatores:

- A com $\underline{a}$ níveis
- B com $\underline{b}$ níveis
- C com $\underline{c}$ níveis

Vamos considerar $\underline{n}$ réplicas em cada combinação de tratamentos.

As respostas (Y_{ijkn}) obtidas nos ensaios podem ser tabuladas tal como mostrado na Tabela 5.1, onde i, j, k e n correspondem aos fatores A, B e C e ao número da réplica (n), respectivamente.

Devemos, após, fazer uma nova tabulação, indicando as somas dos resultados obtidos para cada combinação de tratamento. Isto é mostrado na Tabela 5.2.

A partir daí, desdobramos a Tabela 5.2 nas 3 novas tabelas dadas a seguir, com as combinações (A - B), (A - C) e (B - C), somando-se os dados originais, de acordo com cada combinação de tratamento. Depois, o procedimento é similar ao caso de 2 fatores, com a inclusão da verificação da interação tripla.

Tabela 5.1 Resultados obtidos em experimento com 3 fatores e n réplicas

Fator A		A = 1				...	A = a			
Fator C		C = 1	C = 2	...	C = c	...	C = 1	C = 2	...	C = c
Fator B	B = 1	Y_{1111} Y_{1112} ... Y_{111n}	Y_{1121} Y_{1122} ... Y_{112n}	... ...	Y_{11c1} Y_{11c2} ... Y_{11cn}	... ...	Y_{a111} Y_{a112} ... Y_{a11n}	Y_{a121} Y_{a122} ... Y_{a12n}	... ...	Y_{a1c1} Y_{a1c2} ... Y_{a1cn}
		T_{111}	T_{112}	...	T_{11c}	...	T_{a11}	T_{a12}	...	T_{a1c}
	B = 2	Y_{1211} Y_{1212} ... Y_{121n}	Y_{1221} Y_{1222} ... Y_{122n}	... ...	Y_{12c1} Y_{12c2} ... Y_{12cn}	... ...	Y_{a211} Y_{a212} ... Y_{a21n}	Y_{a221} Y_{a222} ... Y_{a22n}	... ...	Y_{a2c1} Y_{a2c2} ... Y_{a2cn}
		T_{121}	T_{122}	...	T_{12c}	...	T_{a21}	T_{a22}	...	T_{a2c}
	...	...	...	...	...	...	...	...	...	...
	B = b	Y_{1b11} Y_{1b12} ... Y_{1b1n}	Y_{1b21} Y_{1b22} ... Y_{1b2n}	... ...	Y_{1bc1} Y_{1bc2} ... Y_{1bcn}	... ...	Y_{ab11} Y_{ab12} ... Y_{ab1n}	Y_{ab21} Y_{ab22} ... Y_{ab2n}	... ...	Y_{abc1} Y_{abc2} ... Y_{abcn}
		T_{1b1}	T_{1b2}	...	T_{1bc}	...	T_{ab1}	T_{ab2}	...	T_{abc}

Onde: $T_{111} = Y_{1111} + Y_{1112} + \ldots + Y_{111n}$

$T_{abc} = Y_{abc1} + Y_{abc2} + \ldots + Y_{abcn}$

Tabela 5.2 Soma dos resultados de experimento com 3 fatores e n réplicas

Fator A		A = 1				...	A = a			
Fator C		C = 1	C = 2	...	C = c	...	C = 1	C = 2	...	C = c
Fator B	B = 1	T_{111}	T_{112}	...	T_{11c}	...	T_{a11}	T_{a12}	...	T_{a1c}
	B = 2	T_{121}	T_{122}	...	T_{12c}	...	T_{a21}	T_{a22}	...	T_{a2c}
	...	...	...	...	...	...	...	...	...	...
	B = b	T_{1b1}	T_{1b2}	...	T_{1bc}	...	T_{ab1}	T_{ab2}	...	T_{abc}

Tabela 5.3 Somas dos resultados da combinação A – B

	A = 1	A = 2	...	A = a	T_B
B = 1	$T_{11.}$	$T_{21.}$	...	$T_{a1.}$	$T_{B=1}$
B = 2	$T_{12.}$	$T_{22.}$	...	$T_{a2.}$	$T_{B=2}$
...	...	...	...	...	...
B = b	$T_{1b.}$	$T_{2b.}$	...	$T_{ab.}$	$T_{B=b}$
T_A	$T_{A=1}$	$T_{A=2}$	...	$T_{A=a}$	T

Observe-se que a tabela foi preenchida da seguinte forma:

Célula (A=1, B=1): $T_{11.} = T_{111} + T_{112} + ... + T_{11c}$

Célula (A=a, B=b): $T_{ab.} = T_{ab1} + T_{ab2} + ... + T_{abc}$

Além disso:

$$T_{B=1} = T_{11.} + T_{21.} + ... + T_{a1.}$$

$$T_{A=1} = T_{11.} + T_{12.} + ... + T_{1b.}$$

$$T = T_{A=1} + T_{A=2} + ... + T_{A=a} = T_{B=1} + T_{B=2} + ... + T_{B=b}$$

Tabela 5.4 Somas dos resultados da combinação B – C

	C = 1	C = 2	...	C = c	T_B
B = 1	$T_{.11}$	$T_{.12}$	...	$T_{.1c}$	$T_{B=1}$
B = 2	$T_{.21}$	$T_{.22}$	...	$T_{.2c}$	$T_{B=2}$
...	...	...	...	...	...
B = b	$T_{.b1}$	$T_{.b2}$	...	$T_{.bc}$	$T_{B=b}$
T_C	$T_{C=1}$	$T_{C=2}$	...	$T_{C=c}$	T

Observe-se que a 1.ª célula (B=1, C=1) foi preenchida da seguinte forma:

$$T_{.11} = T_{111} + T_{211} + ... + T_{a11}$$

Além disso:

$$T_{B=1} = T_{.11} + T_{.12} + ... + T_{.1c}$$

$$T_{C=1} = T_{.11} + T_{.21} + ... + T_{.b1}$$

$$T = T_{C=1} + T_{C=2} + ... + T_{C=c} = T_{B=1} + T_{B=2} + ... + T_{B=b}$$

Tabela 5.5 Somas dos resultados da combinação A – C

	C = 1	C = 2	...	C = c	T_A
A = 1	$T_{1.1}$	$T_{1.2}$	...	$T_{1.c}$	$T_{A=1}$
A = 2	$T_{2.1}$	$T_{2.2}$	...	$T_{2.c}$	$T_{A=2}$
...	...	...	...	...	...
A = a	$T_{a.1}$	$T_{a.2}$	...	$T_{a.c}$	$T_{A=a}$
T_C	$T_{C=1}$	$T_{C=2}$	...	$T_{C=c}$	T

Observe-se que a 1.ª célula (A-1, C-1) foi preenchida da seguinte forma:

$$T_{1.1} = T_{111} + T_{121} + \ldots + T_{1b1}$$

Além disso:

$$T_{A=1} = T_{1.1} + T_{1.2} + \ldots + T_{1.c}$$
$$T_{C=1} = T_{1.1} + T_{2.1} + \ldots + T_{a.1}$$
$$T = T_{A=1} + T_{A=2} + \ldots + T_{A=a} = T_{C=1} + T_{C=2} + \ldots + T_{C=c}$$

Daí podemos, calcular:

$Q = \sum\sum\sum\sum Y^2_{ijkn}$ = Soma de todos os resultados (tabela inicial) ao quadrado $= Y^2_{1111} + Y^2_{1112} + \ldots + Y^2_{111n} + Y^2_{1121} + Y^2_{1122} + \ldots + Y^2_{112n} + \ldots + Y^2_{abc1} + Y^2_{abc2} + \ldots + Y^2_{abcn}$

$$SQT = Q - \frac{T^2}{a \cdot b \cdot c \cdot n}$$

$$SQA = \frac{T^2_{A=1} + T^2_{A=2} + \ldots + T^2_{A=a}}{b \cdot c \cdot n} - \frac{T^2}{a \cdot b \cdot c \cdot n}$$

$$SQB = \frac{T^2_{B=1} + T^2_{B=2} + \ldots + T^2_{B=b}}{a \cdot c \cdot n} - \frac{T^2}{a \cdot b \cdot c \cdot n}$$

$$SQC = \frac{T^2_{C=1} + T^2_{C=2} + \ldots + T^2_{C=c}}{a \cdot b \cdot n} - \frac{T^2}{a \cdot b \cdot c \cdot n}$$

Somas dos quadrados das interações entre os fatores

$$SQ_{(A-B)} = \frac{T^2_{11.} + T^2_{21.} + \ldots + T^2_{a1.} + \ldots + T^2_{12.} + T^2_{22.} + \ldots + T^2_{ab.}}{c \cdot n} - \frac{T^2}{a \cdot b \cdot c \cdot n} - SQA - SQB$$

$$SQ_{(A-C)} = \frac{T^2_{1.1} + T^2_{1.2} + \ldots + T^2_{1.c} + \ldots + T^2_{2.1} + T^2_{2.2} + \ldots + T^2_{a.c}}{b \cdot n} - \frac{T^2}{a \cdot b \cdot c \cdot n} - SQA - SQC$$

$$SQ_{(B-C)} = \frac{T^2_{.11} + T^2_{.12} + \ldots + T^2_{.1c} + \ldots + T^2_{.21} + T^2_{.22} + \ldots + T^2_{.bc}}{a \cdot n} - \frac{T^2}{a \cdot b \cdot c \cdot n} - SQB - SQC$$

$$SQ_{(A-B-C)} = \frac{T^2_{111} + T^2_{112} + \ldots + T^2_{11c} + \ldots + T^2_{121} + T^2_{122} + \ldots + T^2_{abc}}{n} - \frac{T^2}{a \cdot b \cdot c \cdot n} - SQA -$$
$$- SQB - SQC - SQ_{(A-B)} - SQ_{(A-C)} - SQ_{(B-C)}$$

Daí, podemos calcular SQR:

SQR = SQT - Soma de todos os quadrados anteriores:

$SQR = SQT - SQA - SQB - SQC - SQ_{(A-B)} - SQ_{(A-C)} - SQ_{(B-C)} - SQ_{(A-B-C)}$

Podemos, agora, fazer o quadro de ANOVA.

Tabela 5.6 Tabela de ANOVA

Fonte de variação	Soma dos quadrados	Graus de liberdade	Quadrados médios	F_{calc}
A	SQA	(a −1)	$S_A^2 = \frac{SQA}{(a-1)}$	$F_A = S_A^2/S_R^2$
B	SQB	(b−1)	$S_B^2 = \frac{SQB}{(b-1)}$	$F_B = S_B^2/S_R^2$
C	SQC	(c−1)	$S_C^2 = \frac{SQC}{(c-1)}$	$F_C = S_C^2/S_R^2$
A − B	$SQ_{(A-B)}$	(a−1)·(b−1)	$S_{(A-B)}^2 = \frac{SQ_{(A-B)}}{(a-1)\cdot(b-1)}$	$F_{(A-B)} = S^2_{(A-B)}/S_R^2$
A − C	$SQ_{(A-C)}$	(a−1)·(c−1)	$S_{(A-C)}^2 = \frac{SQ_{(A-C)}}{(a-1)\cdot(c-1)}$	$F_{(A-C)} = S^2_{(A-C)}/S_R^2$
B − C	$SQ_{(B-C)}$	(b−1)·(c−1)	$S_{(B-C)}^2 = \frac{SQ_{(B-C)}}{(b-1)\cdot(c-1)}$	$F_{(B-C)} = S^2_{(B-C)}/S_R^2$
A − B − C	$SQ_{(A-B-C)}$	(a−1)·(b−1)·(c−1)	$S_{(A-B-C)}^2 = \frac{SQ_{(A-B-C)}}{(a-1)\cdot(b-1)\cdot(c-1)}$	$F_{(A-B-C)} = S^2_{(A-B-C)}/S^2_R$
Resíduo	SQR	a·b·c·(n−1)	$S_R^2 = \frac{SQR}{a\cdot b\cdot c\cdot(n-1)}$	
Total	SQT	a·b·c·n−1		

Os F_{calc} correspondentes a cada fonte de variação devem ser comparados com os F_{crit} respectivos que são obtidos na tabela de "F", com o α desejado e usando-se:

Numerador: Graus de liberdade da fonte de variação em estudo.

Denominador: Graus de liberdade do resíduo.

Caso qualquer dos F_{calc} seja maior do que o F_{crit} respectivo, isto indica que a fonte de variação em questão influencia a variável resposta, ao nível de significância α.

Por exemplo:

- $F_A > F^A_{crit}$: Existe variação significativa da resposta entre os tratamentos do fator A, ao nível de significância α;
- $F_B \leq F^B_{crit}$: Não existe variação significativa da resposta entre os tratamentos do fator B, ao nível de significância α;
- $F_{(B-C)} > F^{(B-C)}_{crit}$: A interação entre os fatores B e C influencia a resposta, ao nível de significância α.

Exemplo 1:

Foi realizado um experimento com 4 réplicas para se verificar a influência de 3 fatores na resistência à ruptura de uma fibra sintética: tempo de ciclo, operador e temperatura de operação. Os resultados são dados na tabela a seguir, em kgf/mm^2.

Analisar os resultados e verificar se existe influência dos fatores mencionados na resistência à ruptura da fibra sintética, usando α = 5%. Realizar as comparações múltiplas, se necessário.

	A1 – Tempo de ciclo = 80s			A2 – Tempo de ciclo = 100s		
	C – Operador			C – Operador		
B Temperatura (°C)	C_1	C_2	C_3	C_1	C_2	C_3
B_1 (150°C)	32 29 28 30	31 28 27 27	26 29 30 31	29 31 28 29	30 27 29 29	29 32 29 27
B_2 (170°C)	28 29 32 27	29 27 25 32	28 32 28 26	29 31 26 29	26 32 27 31	28 31 29 26

Solução:

$a = 2; \quad b = 2; \quad c = 3; \quad n = 4$

Vamos refazer a tabela acima, indicando as somas dos resultados obtidos para cada combinação de tratamento.

	A_1			A_2		
	C_1	C_2	C_3	C_1	C_2	C_3
B_1	119	113	116	117	115	117
B_2	116	113	114	115	116	114

Observe-se que a 1.ª célula (A_1, B_1, C_1) foi preenchida assim:

$32 + 29 + 28 + 30 = 119$

Vamos, agora, desmembrar esta tabela em 3 outras, com as combinações:

(A - B), (B - C) e (A - C):

	A_1	A_2	T_B
B_1	348	349	697
B_2	343	345	688
T_A	691	694	T=1.385

Observe-se que a 1.ª célula (A_1, B_1) foi preenchida da seguinte forma:

$$119 + 113 + 116 = 348$$

Além disso:

$$T_{B1} = 348 + 349 = 697$$
$$T_{A1} = 348 + 343 = 691$$

	C_1	C_2	C_3	T_B
B_1	236	228	233	697
B_2	231	229	228	688
T_C	467	457	461	T=1.385

Onde a célula (B_1 - C_1) = 119 + 117 = 236

	C_1	C_2	C_3	T_A
A_1	235	226	230	691
A_2	232	231	231	694
T_C	467	457	461	T=1.385

Onde a célula (A_1 - C_1) = 119 + 116 = 235

Daí, podemos calcular:

$Q = \sum\sum\sum\sum Y_{ijkn}$ = soma de todos os resultados (tabela inicial) ao quadrado =

$$= 32^2 + 29^2 + 28^2 + 30^2 + 28^2 + \ldots + 26^2 = 40.139$$

$$\frac{T^2}{a \cdot b \cdot c \cdot n} = \frac{1.385^2}{2 \times 2 \times 3 \times 4} = 39.963,02$$

$$\therefore SQT = 40.139 - 39.963,02 = 175,98$$

$$SQA = \frac{691^2 + 694^2}{2 \times 3 \times 4} - 39.963,02 = 0,19$$

$$SQB = \frac{697^2 + 688^2}{2 \times 3 \times 4} - 39.963,02 = 1,69$$

$$SQC = \frac{467^2 + 457^2 + 461^2}{2 \times 2 \times 4} - 39.963,02 = 3,17$$

INTERAÇÕES ENTRE OS FATORES

$$SQ_{(A-B)} = \frac{348^2 + 349^2 + 343^2 + 345^2}{3 \times 4} - 39.963,02 - 0,19 - 1,69 = 0,02$$

$$SQ_{(A-C)} = \frac{235^2 + 226^2 + 230^2 + 232^2 + 231^2 + 231^2}{2 \times 4} - 39.963,02 - 0,19 - 3,17 = 2,00$$

$$SQ_{(B-C)} = \frac{236^2 + 228^2 + 233^2 + 231^2 + 229^2 + 228^2}{2 \times 4} - 39,963,02 - 1,69 - 3,17 = 1,50$$

$$SQ_{(A-B-C)} = \frac{119^2 + 113^2 + 116^2 + 116^2 + 113^2 + 114^2 + 117^2 + 115^2 + 117^2 + 115^2 + 116^2 + 114^2}{4} -$$

$$- 39.963,02 - 0,19 - 1,69 - 3,17 - 0,02 - 2,00 - 1,50 = 0,16$$

Daí, podemos calcular SQR:

SQR = SQT — Soma de todos os quadrados anteriores:
SQR = 175,98 - 0,19 - 1,69 - 3,17 - 0,02 - 2,00 - 1,50 - 0,16 =
= 167,25

Podemos, agora, fazer o quadro de ANOVA:

Fonte de variação	Soma dos quadrados	Graus de liberdade	Quadrados médios	F_{calc}	F_{crit}
A	0,19	2 – 1 = 1	0,19	0,04	$F_{(1,36)} = 4,11$
B	1,69	2 –1 = 1	1,69	0,36	$F_{(1,36)} = 4,11$
C	3,17	3 – 1 = 2	1,59	0,34	$F_{(2,36)} = 3,26$
A – B	0,02	1 × 1 = 1	0,02	0	$F_{(1,36)} = 4,11$
A – C	2,00	1 × 2 = 2	1,00	0,22	$F_{(2,36)} = 3,26$
B – C	1,50	1 × 2 = 2	0,75	0,16	$F_{(2,36)} = 3,26$
A – B – C	0,16	1 × 1 × 2 = 2	0,08	0,02	$F_{(2,36)} = 3,26$
Resíduo	167,25	2×2×3(4–1)=36	4,65		
Total	176,00	2×2×3×4–1=47			

Conclusão: como todos os F_{calc} são menores do que os $F_{crít}$ respectivos, concluímos que não existem diferenças entre os tratamentos dos fatores e não existem interações entre (A e B), (A e C), (B e C) e (A e B e C).

5.2 EXPERIMENTO 2^p FATORIAL

Este experimento é um subtipo do experimento fatorial que segue a mesma estrutura proposta para esse tipo de experimento, com a característica de utilizar apenas 2 níveis para cada fator p estudado: baixo e alto ou presente e ausente.

O experimento fatorial 2^2 fatorial tem 2 fatores. Por exemplo:

Fator 1 – M.-O: Treinada e não treinada.

Fator 2 – Temperatura: 30°C e 50°C.

O experimento fatorial 2^3 fatorial tem 3 fatores. Por exemplo:

Fator 1 – Pressão: 120 e 240 psi;

Fator 2 – percentual de carbono:1,2 e 1,5; e

Fator 3 – Máquina: 1 e 2.

O método de cálculo é o mesmo apresentado nos capítulos anteriores.

5.3 EXPERIMENTO EM QUADRADO LATINO

A blocagem reduz o erro residual do experimento, devido à remoção da variabilidade de fontes de ruído conhecidas.

No caso do Quadrado Latino, o mesmo princípio é utilizado quando um fator primário está sob investigação e os resultados podem ser afetados por outras duas fontes de ruídos ou de não-homogeneidade, assumindo-se que não existe interação entre os fatores. Assim, essas duas fontes são bloqueadas e o experimento é realizado de tal forma que o número de níveis dos três fatores (1 fator primário + 2 fontes de ruído) seja igual:

$$a = b = k = p$$

Onde: a — n. de níveis do fator coluna (fonte de ruído)

b — n. de níveis do fator linha (fonte de ruído)

k — n. de níveis do fator primário

p — constante indicativa do número de níveis

Alguns exemplos de tabelas de dados são apresentados a seguir. No caso, os fatores coluna e linha são as fontes bloqueadas de ruído.

Os níveis do fator principal são identificados no interior da tabela pelas letras latinas (A, B, C, D e E). Observe-se que cada letra ocorre apenas uma vez em cada linha ou coluna, indicando que cada nível do fator principal aparece apenas uma vez em cada linha ou coluna.

A Tabela 5.7 apresenta exemplos que o leitor poderá utilizar. Fica a seu critério usar outras tabelas, com outras disposições das letras latinas, desde que obedeçam à recomendação do parágrafo anterior.

Tabela 5.7 Exemplos de tabelas de dados com Quadrado Latino

Com 3 níveis

	Coluna		
Linha	1	2	3
1	A	B	C
2	B	C	A
3	C	A	B

Com 4 níveis

	Coluna			
Linha	1	2	3	4
1	D	C	B	A
2	C	B	A	D
3	B	A	D	C
4	A	D	C	B

Com 5 níveis

	Coluna				
Linha	1	2	3	4	5
1	A	B	C	D	E
2	B	C	D	E	A
3	C	D	E	A	B
4	D	E	A	B	C
5	E	A	B	C	D

MODELO ESTATÍSTICO PARA EXPERIMENTOS SEM RÉPLICAS:

$$Y_{ijk} = \mu + \tau_i + \beta_j + \gamma_k + \varepsilon_{ijk}, \quad i = 1, 2, \ldots, p; \quad j = 1, 2, \ldots, p; \quad k = 1, 2, \ldots, p$$

Onde: μ – média global

τ_i – efeito da coluna i (fonte de ruído)

β_j – efeito da linha j (fonte de ruído)

γ_k – efeito do tratamento k do fator primário

ε_{ijk} – erro aleatório

p – número de linhas ou colunas

A análise de variância consiste, inicialmente, em fracionar SQT em 4 partes:

$$SQT = SQC + SQL + SQL_{at} + SQR$$

Onde: SQL_{at} – soma de quadrados do fator primário

SQT – soma dos quadrados totais

SQC – soma dos quadrados do fator coluna

SQL – soma dos quadrados do fator linha

SQR – soma dos quadrados residuais

Daí vem:

$$SQR = SQT - SQC - SQL - SQL_{at}$$

107

A Tabela de ANOVA é dada a seguir, para o caso de experimentos sem réplicas $(n = 1)$.

Tabela 5.8 Tabela de ANOVA para o quadrado latino com n = 1

Fonte de variação	Soma dos quadrados	Graus de liberdade	Quadrados médios	F_{calc}
Entre tratamentos do fator primário	SQL_{at}	$p - 1$	$S_{Lat}^2 = \dfrac{SQL_{at}}{p-1}$	$F_{calc}^{Lat} = S_{Lat}^2 \Big/ S_R^2$
Entre colunas	SQC	$p - 1$	$S_C^2 = \dfrac{SQC}{p-1}$	$F_{calc}^C = S_C^2 \Big/ S_R^2$
Entre linhas	SQL	$p - 1$	$S_L^2 = \dfrac{SQL}{p-1}$	$F_{calc}^L = S_L^2 \Big/ S_R^2$
Residual	SQR	$(p - 2) \cdot (p - 1)$	$S_R^2 = \dfrac{SQR}{(p-2)\cdot(p-1)}$	
Total	SQT	$p^2 - 1$		

Tabela 5.9 Resumo da formulação utilizada

$$SQT = Q - \frac{T^2}{p^2}$$

$$SQC = \frac{\sum_{i=1}^{p} T_i^2}{p} - \frac{T^2}{p^2}$$

$$SQL = \frac{\sum_{j=1}^{p} T_j^2}{p} - \frac{T^2}{p^2}$$

$$SQL_{at} = \frac{\sum_{k=1}^{p} T_k^2}{p} - \frac{T^2}{p^2}$$

REGRA DE DECISÃO

$F_{calc}^{Lat} \leq F_{crit}^{Lat} \rightarrow$ Aceita-se H_0. Não existe diferença entre os tratamentos do fator primário ao nível α de significância.

$F_{calc}^{Lat} > F_{crit}^{Lat} \rightarrow$ Rejeita-se H_0. Existe diferença entre os tratamentos ao nível α de significância.

O F_{crit}^{Lat} é obtido na tabela de "F" de Snedecor com α e:

Numerador: $(p - 1)$
Denominador: $(p - 2) \cdot (p - 1)$

Exemplo 2:

Uma empresa quis estudar os efeitos de 5 diferentes aditivos (A, B, C, D e E) no consumo diário de combustível de certa máquina de combustão interna, e desconfiava que poderia haver influência de dois outros fatores: operador da máquina e temperatura ambiente. Delineou, então, um experimento quadrado latino, cujos resultados (consumos diários em litros) são dados na tabela a seguir.

Informar se existe diferença entre os aditivos, usando nível de significância de 5%. Verificar, também, se existem diferenças entre os operadores e os níveis de temperatura ambiente.

Solução:

Temp (j)	Operador (i)					T_j	T_j^2	Q_j
	1	2	3	4	5			
1	A 99	B 95	C 94	D 99	E 99	486	236.196	47.264
2	B 92	C 99	D 105	E 102	A 111	509	259.081	52.015
3	C 93	D 113	E 101	A 102	B 96	505	255.025	51.239
4	D 101	E 106	A 101	B 98	C 97	503	253.009	50.651
5	E 97	A 105	B 95	C 104	D 104	505	255.025	51.091
T_i	482	518	496	505	507	T= 2508		
T_i^2	232.324	268.324	246.016	255.025	257.049		$\sum T_j^2$ = 1.258.336 $\sum T_i^2$ = 1.258.738	
Q_i	46.524	53.856	49.288	51.029	51.563		Q = 252.260	

Resultados dos níveis do fator principal (k):

$$T_A = 99 + 111 + 102 + 101 + 105 = 518; \quad \bar{Y}_A = 103,6; \quad T_A^2 = 268.324$$
$$T_B = 95 + 92 + 96 + 98 + 95 = 476; \quad \bar{Y}_B = 95,2; \quad T_B^2 = 226.576$$
$$T_C = 94 + 99 + 93 + 97 + 104 = 487; \quad \bar{Y}_C = 97,4; \quad T_C^2 = 237.169$$
$$T_D = 99 + 105 + 113 + 101 + 104 = 522; \quad \bar{Y}_D = 104,4; \quad T_D^2 = 272.484$$
$$T_E = 99 + 102 + 101 + 106 + 97 = 505; \quad \bar{Y}_E = 101,0; \quad T_E^2 = 255.025$$
$$\Sigma T_k^2 = T_A^2 + T_B^2 + T_C^2 + T_D^2 + T_E^2 = 1.259.578$$

Daí vem:

$$SQC = \frac{1.258.738}{5} - \frac{2.508^2}{5 \times 5} = 145{,}04$$

$$SQL = \frac{1.258.336}{5} - \frac{2.508^2}{5 \times 5} = 64{,}64$$

$$SQL_{at} = \frac{1.259.578}{5} - \frac{2.508^2}{5 \times 5} = 313{,}04$$

$$SQT = 252.260 - \frac{2.508^2}{5 \times 5} = 657{,}44$$

$$SQR = 657{,}44 - 145{,}04 - 64{,}64 - 313{,}04 = 134{,}72$$

Tabela de ANOVA

Fonte de variação	Soma dos quadrados	Graus de liberdade	Quadrados médios	F_{calc}
Entre tratamentos (fator primário)	313,04	4	78,26	$F_{calc}^{Lat} = \frac{78{,}26}{11{,}23} = 6{,}97$
Entre colunas	145,04	4	36,26	$F_{calc}^{C} = \frac{36{,}26}{11{,}23} = 3{,}23$
Entre linhas	64,64	4	16,16	$F_{calc}^{L} = \frac{16{,}16}{11{,}23} = 1{,}44$
Residual	134,72	12	11,23	
Total	657,44	24		

Determinação do $F_{crít}$ (para todos os fatores):

$\alpha = 5\%$; Numerador: 4; Denominador: 12 $\rightarrow F_{crit} = 3{,}26$

$\therefore F_{calc}^{Lat}\ (6{,}97) > F_{crit}\ (= 3{,}26)$

Além disso:

$F_{calc}^{C}\ (3{,}23) < F_{crit}$

$F_{calc}^{L}\ (1{,}44) < F_{crit}$

Conclusão: Rejeita-se a hipótese nula. Existe diferença entre os aditivos

Também podemos verificar que não existem diferenças entre os operadores e as temperaturas ambientes.

EXERCÍCIOS PROPOSTOS

1 – Planejar um experimento com 3 fatores para melhorar o desempenho de um processo importante da sua organização.

2 – Uma empresa quis comparar as produtividades de 4 diferentes máquinas (A, B, C e D), porém desconfiava que poderia haver a influência de dois outros fatores: temperatura ambiente e tipo de material empregado. Delineou, então, um experimento quadrado latino, cujos resultados (produção de itens por hora) são dados na tabela a seguir.

Informar se existe diferença entre as máquinas, usando nível de significância de 5%. Verificar, também, se existem diferenças entre as temperaturas e os tipos de material empregado. Caso existam, fazer as comparações múltiplas de Duncan e informar se pode haver separação em classes de produtividade, para todos os fatores.

Material (j)	Temperatura (i)			
	15°C	20°C	25°C	30°C
1	B 25	C 24	D 99	A 99
2	C 29	D 25	A 102	B 92
3	D 31	A 28	B 102	C 93
4	A 36	B 31	C 98	D 101

3 – Foi realizado um experimento com 4 réplicas para se verificar a influência de 3 fatores na produtividade de certa máquina complexa: pressão, temperatura e material. Os resultados são dados na tabela a seguir, em quantidade produzida por hora.

Analisar os resultados e verificar se existe influência dos fatores mencionados na produtividade da máquina, usando α = 5%. Realizar as comparações múltiplas, se necessário.

B Temperatura (°C)	A_1 – Pressão = 1,0 atm			A_2 – Pressão = 1,2 atm		
	C - Material			C - Material		
	C_1	C_2	C_3	C_1	C_2	C_3
B_1 (70°C)	42 49 48 40	33 25 27 27	29 29 30 31	29 31 26 29	29 22 23 21	24 22 25 27
B_2 (50°C)	38 39 32 37	30 27 25 32	30 32 28 26	49 51 58 59	26 32 27 31	28 31 29 26

6 OPERAÇÃO EVOLUTIVA

6.1 COMENTÁRIOS INICIAIS

A operação evolutiva (Evolutionary Operation ou EVOP) constitui um tipo de experimento bastante simples porém muito poderoso e com ampla aplicação industrial, especialmente nas indústrias de processos.

Os métodos apresentados nos capítulos anteriores, em geral, são usados quando existe uma necessidade, e não fazem parte do dia-a-dia da organização. São, então, algo especial a ser realizado de tempos em tempos.

A operação evolutiva, no entanto, foi criada com a idéia de introduzir uma ferramenta simples de delineamento e análise de experimentos que possa ser usada diretamente pelos próprios operadores do processo, sem alterar a rotina da produção. Desta forma, não haveria a necessidade de plantas-piloto ou uso de laboratórios.

Em geral, os produtos são fabricados com produtividade e qualidade menores em relação à potencialidade da planta produtiva. Portanto, existe sempre a possibilidade de uma melhoria dos processos utilizados. Mesmo em plantas novas, com projeto moderno, o "ajuste fino" para as condições reais de operação ainda não foi feito. Por exemplo, é comum encontrar processos químicos que dobraram ou triplicaram a produtividade após 10 anos de operação, apesar de serem considerados modelos e com produtividade máxima, na época da inauguração.

Os experimentos em pequena escala podem dar informações extremamente úteis nos estágios de pesquisa, desenvolvimento e projeto. No entanto, fornecem indicações para as condições de escala industrial, dando as características gerais esperadas, porém com prováveis imperfeições devido à mudança de escala. Assim, os resultados em escala industrial podem ser diferentes daqueles de escala laboratorial e precisam ser otimizados. A EVOP vai ajudar nesta tarefa.

ANALOGIA COM A SELEÇÃO NATURAL

Os organismos vivos avançam por dois mecanismos:

1 Variabilidade genética (por exemplo, mutação); e

2 Seleção natural.

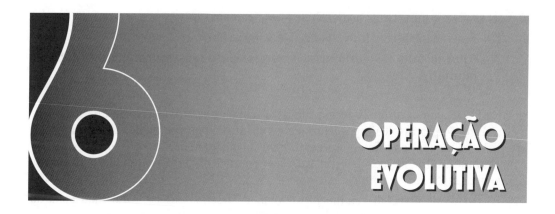

Os processos industriais avançam de forma similar:

1 – Novas descobertas (correspondendo à mutação)

2 – Ajustamento das variáveis do processo para seus melhores níveis (seleção natural)

Na EVOP, vamos atuar de forma similar à seleção natural, ajustando gradualmente as variáveis do processo com pequenos passos em torno dos valores de referência (ou da operação estática ou padrão do processo), para verificar em que direção são conseguidos os melhores resultados. Isto deve ser feito sem parar a produção e quando se dispõe de tempo para esses experimentos.

As curvas de níveis de rendimento devem ser desenhadas, para dar uma idéia do comportamento do processo para diferentes valores dos fatores controlados.

SUPERFÍCIE DE RESPOSTA

A superfície da resposta é uma representação gráfica ou matemática, que indica a conexão entre as variáveis independentes (fatores controlados) e a variável dependente (saída ou resposta do processo).

Normalmente, as superfícies de resposta são suaves, com contornos simples, como uma família de círculos, parábolas ou curvas semelhantes.

Como exemplo, uma empresa operou um certo processo químico durante anos e levantou as respostas ou saídas (em produção/hora) para inúmeras combinações de 2 fatores controláveis principais (pressão e temperatura).

Os resultados podem ser vistos na Figura 6.1. As linhas que ligam os pontos com as mesmas respostas são chamadas de curvas de nível.

Nível	1	2	3	4	5	6	7
Produção (kg/hora)	600	550	500	450	400	350	300

Conforme se pode verificar, a superfície de resposta tem uma apresentação semelhante a uma carta topográfica, apresentando os pontos de mesma elevação. No caso, é como se o nível 1 fosse o pico de uma montanha e o nível 7, a sua parte baixa.

Pode-se, também, verificar que a máxima produção é conseguida com valores em torno da temperatura de 55 °C e pressão de 244. A produção cai rapidamente quando decrescem a pressão e a temperatura na direção A. Quando os valores destes fatores aumentam, na direção B, a produção também cai, mas de forma mais gradual.

Se mantivéssemos a pressão em 256, a produção máxima que poderia ser conseguida seria de cerca de 500 kg/hora, que ocorreria com a temperatura ao redor de 65 °C.

Normalmente, a superfície de resposta do processo não é conhecida, havendo a necessidade da realização de experimentos para levantá-la. Se ela for conhecida, obviamente não é necessário delinearem-se experimentos com tal finalidade.

Um aspecto importante, é que existem muitas saídas (ou variáveis dependentes) do mesmo processo, como por exemplo: produtividade, custo, consumo de energia, número de

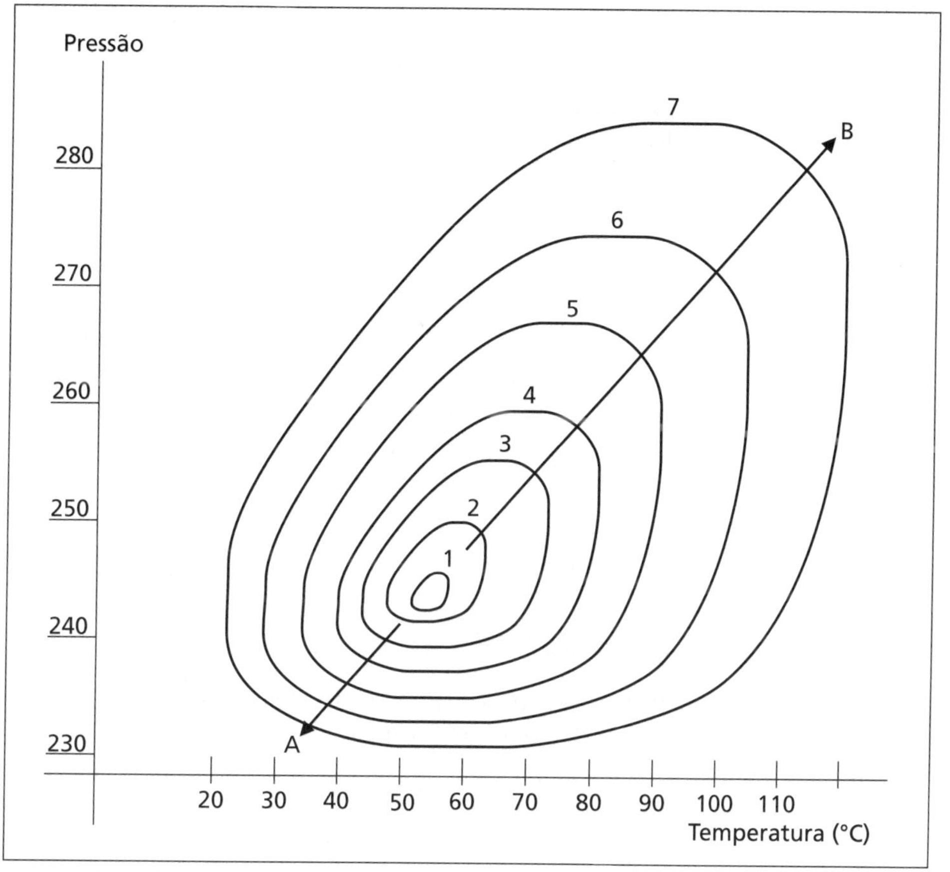

Figura 6.1 — *Superfície de resposta de um processo químico.*

não-conformidades etc. Estas dependem das variáveis de entrada (fatores controlados), existindo uma superfície de resposta para cada grupo de variáveis consideradas.

No exemplo anterior, a saída é a produção/hora, porém podem existir outras como: custo de produção, custo de manutenção, número de não-conformidades etc.

Assim, otimizar uma das saídas não é necessariamente uma boa atitude, porque as outras podem ser prejudicadas (por exemplo, o custo pode ficar proibitivo). Isto deve ser levado em consideração pelos engenheiros da qualidade.

6.2 TÉCNICA DA EVOP

Em geral, o objetivo da EVOP é aumentar o lucro de uma planta já em operação, maximizando as suas saídas, sem prejudicar demais a produção e com mínimos riscos e esforços.

Como não se conhece a superfície de resposta do processo, devem ser feitas pequenas mudanças em torno da combinação de tratamentos que constitui o padrão da produção.

Após alguns ciclos nos novos valores, as respostas médias são comparadas e a combinação de tratamentos que resultou em melhor saída passa a ser o novo padrão. A partir

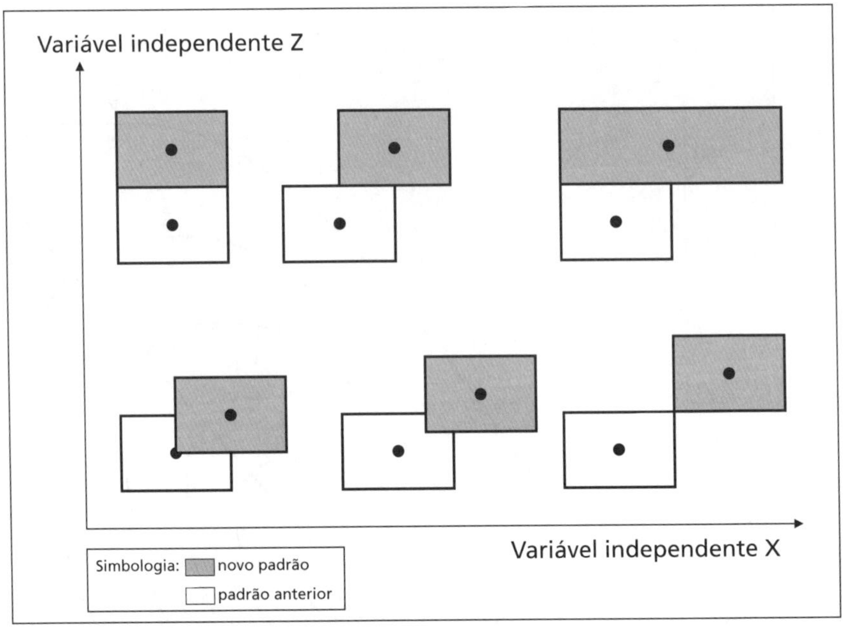

Figura 6.2 – *Algumas alternativas para mudança de padrão.*

daí, são feitas novas pequenas mudanças em torno desse novo padrão e são levantadas novas respostas para obtenção de um outro novo padrão.

Isto continua indefinidamente, até que as saídas sejam consideradas ótimas ou até que a razão de ganho passe a ser muito pequena, não justificando qualquer esforço para melhoria. A partir daí, devem ser escolhidos outros fatores importantes, para reínicio do processo descrito.

A Figura 6.2 mostra algumas alternativas de como proceder para a mudança do novo padrão.

Devem ser realizados alguns ciclos de ensaios (mínimo de dois) em torno de cada padrão de referência e, depois, devem ser feitas as comparações múltiplas entre os médias obtidas para verificar se alguma delas é significativamente melhor do que as outras. Se isto ocorrer, deve ser mudado o padrão de referência, na direção da melhoria e devem ser realizados outros ciclos de ensaios em torno do novo padrão.

Se, após 8 ciclos, não se conseguir um resultado significativamente melhor, então temos 2 alternativas:

- Ampliar a mudança de nível dos fatores controláveis;
- Selecionar novos fatores controláveis, para reinício do processo.

6.3 PASSOS RECOMENDADOS PARA A EVOP

Os seguintes passos são recomendados para sucesso na EVOP:

1 – Estudar o assunto lendo o seguinte:

- Relatórios da empresa relacionados com o processo;
- Resultados do processo referentes a: produção, qualidade, custo etc;
- Literatura sobre o processo.

2 – Obter o apoio da Administração.

3 – Treinar o pessoal envolvido com o processo.

4 – Fazer *brain-storming* com os especialistas e técnicos dos vários departamentos que conhecem o processo, para:

- Verificar qual é a resposta mais importante do processo; e
- Selecionar os fatores controláveis mais influentes.

5 – Planejar o experimento (delineamento) do experimento.

6 – Executar o experimento, de acordo com o planejamento:

- Promover pequenas mudanças nos níveis dos fatores controlados, em torno do valor de referência inicial.
- Repetir 2 ciclos dos ensaios e estimar os efeitos dos tratamentos. Se as diferenças não forem significativas, executar novos ciclos e estimar os efeitos.
- Quando dois ou mais efeitos forem significativos, alterar os valores dos fatores de tal forma que fiquem próximos às melhores condições obtidas e iniciar novos ensaios, tal como indicado na Figura 6.2.
- Continuar a mover o ponto central da EVOP e ajustar as amplitudes de acordo com os resultados obtidos.
- Se, após 8 ciclos, nenhum fator se mostrar efetivo, mudar a amplitude de mudança de nível dos fatores ou selecionar novos fatores controláveis.
- Quando se chega a um máximo, ou quando a razão de ganho for muito pequena, abandonar os fatores em teste e passar para novos fatores controláveis.

Exemplo 1:

A produção diária de certo processo químico depende fundamentalmente de 2 fatores: temperatura e tempo de reação. A operação padrão utilizada tinha temperatura de 250°C e tempo de reação de 380 segundos, resultando numa produção média de 70 galões/hora.

Foi delineado um experimento com $\Delta T = \pm\ 2°C$ e $\Delta t = \pm\ 3$ segundos, em torno do ponto correspondente à operação padrão e foram realizados 2 ciclos de produção. Os resultados são dados na tabela a seguir, em galões/hora:

Tempo (s) (j)	Temperatura (°c) (i)			
	248		252	
383	[1]	67 65	[3]	77 76
377	[4]	65 63	[2]	74 72

a) Informar se existe influência dos fatores em questão em torno do ponto da operação padrão, usando $\alpha = 5\%$.

b) Verificar qual é a melhor combinação de temperatura e tempo de ração.

c) Propor um novo padrão e delinear um novo ciclo a partir dessa nova referência.

Solução:

Tempo (j)	Temperatura (i)		T_j	$\bar{Y}_j$	T_j^2	Q_j
	248	252				
383	[1] 67 65 132 $\bar{Y}_1 = 66,0$	[3] 77 76 153 $\bar{Y}_3 = 76,5$	285	71,25	81.225	20.419
377	[4] 65 63 128 $\bar{Y}_4 = 64,0$	[2] 74 72 146 $\bar{Y}_2 = 73,0$	274	68,5	75.076	18.854
T_i	260	299	T = 559			
$\bar{Y}_i$	65,0	74,75				
T_i^2	67.600	89.401		$\sum T_j^2 = 156.301$ $\sum T_i^2 = 157.001$		
Q_i	16.908	22.365				Q = 39.273
$\sum T_{ij}^2$	33.808	44.725		$\sum T_{ij}^2 = 78.533$		

A Tabela de ANOVA, com valores calculados como mostrado no Capítulo 4, é dada a seguir:

Fonte de variação	Soma dos quadrados	Graus de liberdade	Quadrados médios	F_{Calc}	F_{Crit}
Temperatura	190,125	1	190,125	117,000	7,71
Tempo	15,125	1	15,125	9,308	7,71
Interação	1,125	1	1,125	0,692	7,71
Subtotal	206,375	3	68,792		
Residual	6,500	4	1,625		
Total	212,875	7			

As médias obtidas para cada combinação de tratamento (células) são dadas abaixo:

Tempo de reação	Temperatura	
	248°C	252°C
383 s	66,0	76,5
377 s	64,0	73,0

Conclusões do exemplo:

- Como $F^{Int}_{Calc} < F^{Int}_{Crit}$: A interação entre os fatores temperatura e tempo de reação não é significativa ao nível de 5% de significância.
- Como $F^{C}_{Calc} > F_{crit}$: Existe influência do fator coluna (temperatura).
- Como $F^{L}_{Calc} > F_{crit}$: Existe influência do fator linha (tempo de reação).
- Pode-se verificar que $F^{C}_{Calc} \gg F^{L}_{Calc}$. Logo, a influência do fator temperatura é muito maior do que a do fator tempo.
- Comparações múltiplas: Não há necessidade de se fazer qualquer comparação, porque só existem 2 níveis para cada fator, e já sabemos que os resultados médios são diferentes para as linhas e para as colunas, como verificado acima.
- A melhor média de vazão nos ensaios foi de 76,5 falões/hora, obtida para a seguinte combinação de tratamentos:
  - Temperatura de 252 °C e tempo de reação de 383 segundos.
  - Esta combinação deve ser o novo padrão, servindo de referência para os ciclos posteriores.

Novos ciclos

Como sugestão, o pessoal da Produção deveria ser consultado para se verificar a viabilidade de se fazer um incremento maior na temperatura (como, por exemplo, de ± 4 °C), porque a influência deste fator é mais importante no processo em questão. O incremento no tempo de reação poderia continuar o mesmo (± 3 s).

Se houvesse concordância da Produção, o novo ciclo poderia estar centrado em 256 °C e 386 segundos.

As novas combinações de tratamento seriam, então:

[1] 252 °C e 389 s
[2] 260 °C e 383 s
[3] 260 °C e 389 s
[4] 252 °C e 383 s

EXERCÍCIO PROPOSTO

1 – Planejar uma operação evolutiva para melhorar o desempenho de um processo importante da sua organização e executá-la, após obter o apoio da sua alta administração.

ANEXOS

ANEXO A

Distribuição Normal ou de Gauss, áreas sob a curva da distribuição Normal

ANEXO B

Distribuição de Qui quadrado acumulado (ACIMA DE)

ANEXO C

Distribuição "t" de Student, 1.ª parte: Para teste unilateral.
Distribuição "t" de Student, 2.ª parte: Para teste bilateral.

ANEXO D

Distribuição F de Snedecor, 1.ª parte: $\alpha = 10\%$
Distribuição F de Snedecor, 2.ª parte: $\alpha = 5\%$
Distribuição F de Snedecor, 3.ª parte: $\alpha = 2{,}5\%$
Distribuição F de Snedecor, 4.ª parte: $\alpha = 1\%$

ANEXO E

Método de Duncan, Coeficientes para o cálculo de amplitudes significativas.
1.ª parte: $\alpha = 1\%$
Método de Duncan, Coeficientes para o cálculo de amplitudes significativas.
2.ª parte: $\alpha = 5\%$

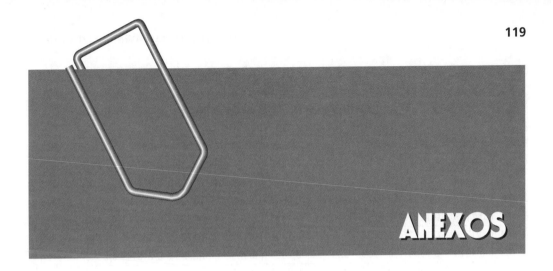

Anexo A

Distribuição Normal ou de Gauss
Áreas sob a curva da distribuição Normal

Z	0,00	0,01	0,02	0,03	0,04	0,05	0,06	0,07	0,08	0,09
0,0	0,0000	0,0040	0,0080	0,0120	0,0160	0,0199	0,0239	0,0279	0,0319	0,0359
0,1	0,0398	0,0438	0,0478	0,0517	0,0557	0,0596	0,0636	0,0675	0,0714	0,0753
0,2	0,0793	0,0832	0,0871	0,0910	0,0948	0,0987	0,1026	0,1064	0,1103	0,1141
0,3	0,1179	0,1217	0,1255	0,1293	0,1331	0,1368	0,1406	0,1443	0,1480	0,1517
0,4	0,1554	0,1591	0,1628	0,1664	0,1700	0,1736	0,1772	0,1808	0,1844	0,1879
0,5	0,1915	0,1950	0,1985	0,2019	0,2054	0,2088	0,2123	0,2157	0,2190	0,2224
0,6	0,2257	0,2291	0,2324	0,2357	0,2389	0,2422	0,2454	0,2486	0,2517	0,2549
0,7	0,2580	0,2611	0,2642	0,2673	0,2703	0,2734	0,2764	0,2794	0,2823	0,2852
0,8	0,2881	0,2910	0,2939	0,2967	0,2995	0,3023	0,3051	0,3078	0,3106	0,3133
0,9	0,3159	0,3186	0,3212	0,3238	0,3264	0,3289	0,3315	0,3340	0,3365	0,3389
1,0	0,3413	0,3438	0,3461	0,3485	0,3508	0,3531	0,3554	0,3577	0,3599	0,3621
1,1	0,3643	0,3665	0,3686	0,3708	0,3729	0,3749	0,3770	0,3790	0,3810	0,3830
1,2	0,3849	0,3869	0,3888	0,3907	0,3925	0,3944	0,3962	0,3980	0,3997	0,4015
1,3	0,4032	0,4049	0,4066	0,4082	0,4099	0,4115	0,4131	0,4147	0,4162	0,4177
1,4	0,4192	0,4207	0,4222	0,4236	0,4251	0,4265	0,4279	0,4292	0,4306	0,4319
1,5	0,4332	0,4345	0,4357	0,4370	0,4382	0,4394	0,4406	0,4418	0,4429	0,4441
1,6	0,4452	0,4463	0,4474	0,4484	0,4495	0,4505	0,4515	0,4525	0,4535	0,4545
1,7	0,4554	0,4564	0,4573	0,4582	0,4591	0,4599	0,4608	0,4616	0,4625	0,4633
1,8	0,4641	0,4649	0,4656	0,4664	0,4671	0,4678	0,4686	0,4693	0,4699	0,4706
1,9	0,4713	0,4719	0,4726	0,4732	0,4738	0,4744	0,4750	0,4756	0,4761	0,4767
2,0	0,4772	0,4778	0,4783	0,4788	0,4793	0,4798	0,4803	0,4808	0,4812	0,4817
2,1	0,4821	0,4826	0,4830	0,4834	0,4838	0,4842	0,4846	0,4850	0,4854	0,4857
2,2	0,4861	0,4864	0,4868	0,4871	0,4875	0,4878	0,4881	0,4884	0,4887	0,4890
2,3	0,4893	0,4896	0,4898	0,4901	0,4904	0,4906	0,4909	0,4911	0,4913	0,4916
2,4	0,4918	0,4920	0,4922	0,4925	0,4927	0,4929	0,4931	0,4932	0,4934	0,4936
2,5	0,4938	0,4940	0,4941	0,4943	0,4945	0,4946	0,4948	0,4949	0,4951	0,4952
2,6	0,4953	0,4955	0,4956	0,4957	0,4959	0,4960	0,4961	0,4962	0,4963	0,4964
2,7	0,4965	0,4966	0,4967	0,4968	0,4969	0,4970	0,4971	0,4972	0,4973	0,4974
2,8	0,4974	0,4975	0,4976	0,4977	0,4977	0,4978	0,4979	0,4979	0,4980	0,4981
2,9	0,4981	0,4982	0,4982	0,4983	0,4984	0,4984	0,4985	0,4985	0,4986	0,4986
3,0	0,4987	0,4987	0,4987	0,4988	0,4988	0,4989	0,4989	0,4989	0,4990	0,4990
3,1	0,4990	0,4991	0,4991	0,4991	0,4992	0,4992	0,4992	0,4992	0,4993	0,4993
3,2	0,4993	0,4993	0,4994	0,4994	0,4994	0,4994	0,4994	0,4995	0,4995	0,4995
3,3	0,4995	0,4995	0,4995	0,4996	0,4996	0,4996	0,4996	0,4996	0,4996	0,4997
3,4	0,4997	0,4997	0,4997	0,4997	0,4997	0,4997	0,4997	0,4997	0,4997	0,4998

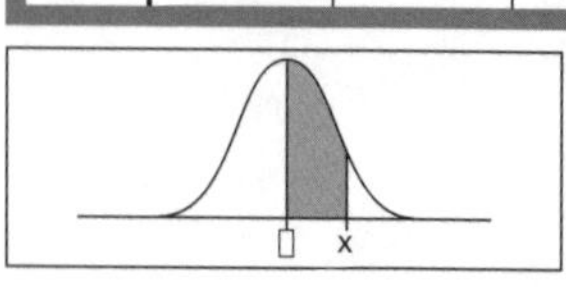

Nota: Esta tabela dá a área sob a Curva Normal compreendida entre µ e um valor qualquer de X.

Entra-se na tabela com o valor Z assim definido: $Z = \frac{X - m}{s}$.

ANEXO B

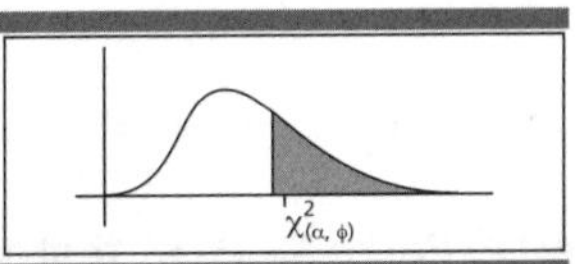

Distribuição de Qui quadrado acumulado (ACIMA DE)

Φ \ α	99,5%	99%	97,5%	95%	90%	50%	10%	5%	2,5%	1%	0,5%
1	0,000	0,000	0,001	0,004	0,016	0,455	2,706	3,841	5,024	6,635	7,879
2	0,010	0,020	0,051	0,103	0,211	1,386	4,605	5,991	7,378	9,210	10,597
3	0,072	0,115	0,216	0,352	0,584	2,366	6,251	7,815	9,348	11,345	12,838
4	0,207	0,297	0,484	0,711	1,064	3,357	7,779	9,488	11,143	13,277	14,860
5	0,412	0,554	0,831	1,145	1,610	4,351	9,236	11,070	12,832	15,086	16,750
6	0,676	0,872	1,237	1,635	2,204	5,348	10,645	12,592	14,449	16,812	18,548
7	0,989	1,239	1,690	2,167	2,833	6,346	12,017	14,067	16,013	18,475	20,278
8	1,344	1,647	2,180	2,733	3,490	7,344	13,362	15,507	17,535	20,090	21,955
9	1,735	2,088	2,700	3,325	4,168	8,343	14,684	16,919	19,023	21,666	23,589
10	2,156	2,558	3,247	3,940	4,865	9,342	15,987	18,307	20,483	23,209	25,188
11	2,603	3,053	3,816	4,575	5,578	10,341	17,275	19,675	21,920	24,725	26,757
12	3,074	3,571	4,404	5,226	6,304	11,340	18,549	21,026	23,337	26,217	28,300
13	3,565	4,107	5,009	5,892	7,041	12,340	19,812	22,362	24,736	27,688	29,819
14	4,075	4,660	5,629	6,571	7,790	13,339	21,064	23,685	26,119	29,141	31,319
15	4,601	5,229	6,262	7,261	8,547	14,339	22,307	24,996	27,488	30,578	32,801
16	5,142	5,812	6,908	7,962	9,312	15,338	23,542	26,296	28,845	32,000	34,267
17	5,697	6,408	7,564	8,672	10,085	16,338	24,769	27,587	30,191	33,409	35,718
18	6,265	7,015	8,231	9,390	10,865	17,338	25,989	28,869	31,526	34,805	37,156
19	6,844	7,633	8,907	10,117	11,651	18,338	27,204	30,144	32,852	36,191	38,582
20	7,434	8,260	9,591	10,851	12,443	19,337	28,412	31,410	34,170	37,566	39,997
21	8,034	8,897	10,283	11,591	13,240	20,337	29,615	32,671	35,479	38,932	41,401
22	8,643	9,542	10,982	12,338	14,041	21,337	30,813	33,924	36,781	40,289	42,796
23	9,260	10,196	11,689	13,091	14,848	22,337	32,007	35,172	38,076	41,638	44,181
24	9,886	10,856	12,401	13,848	15,659	23,337	33,196	36,415	39,364	42,980	45,558
25	10,520	11,524	13,120	14,611	16,473	24,337	34,382	37,652	40,646	44,314	46,928
26	11,160	12,198	13,844	15,379	17,292	25,336	35,563	38,885	41,923	45,642	48,290
27	11,808	12,878	14,573	16,151	18,114	26,336	36,741	40,113	43,195	46,963	49,645
28	12,461	13,565	15,308	16,928	18,939	27,336	37,916	41,337	44,461	48,278	50,994
29	13,121	14,256	16,047	17,708	19,768	28,336	39,087	42,557	45,722	49,588	52,335
30	13,787	14,953	16,791	18,493	20,599	29,336	40,256	43,773	46,979	50,892	53,672
40	20,707	22,164	24,433	26,509	29,051	39,335	51,805	55,758	59,342	63,691	66,766
50	27,991	29,707	32,357	34,764	37,689	49,335	63,167	67,505	71,420	76,154	79,490
60	35,534	37,485	40,482	43,188	46,459	59,335	74,397	79,082	83,298	88,379	91,952
70	43,28	45,44	48,76	51,74	55,33	69,33	85,53	90,53	95,02	100,42	104,22
80	51,17	53,54	57,15	60,39	64,28	79,33	96,58	101,88	106,63	112,33	116,32
90	59,20	61,75	65,65	69,13	73,29	89,33	107,57	113,14	118,14	124,12	128,30
100	67,33	70,06	74,22	77,93	82,36	99,33	118,50	124,34	129,56	135,81	140,17

ANEXO C

Distribuição "t" de Student

1ª Parte — Para teste unilateral — Valores críticos de "t" tais que $P(t > t_{\alpha}) = \alpha$

Φ \ α	20 %	10 %	5 %	2,5 %	1 %	0,5 %
1	1,376	3,078	6,314	12,706	31,821	63,657
2	1,061	1,886	2,920	4,303	6,965	9,925
3	0,978	1,638	2,353	3,182	4,541	5,841
4	0,941	1,533	2,132	2,776	3,747	4,604
5	0,920	1,476	2,015	2,571	3,365	4,032
6	0,906	1,440	1,943	2,447	3,143	3,707
7	0,896	1,415	1,895	2,365	2,998	3,499
8	0,889	1,397	1,860	2,306	2,896	3,355
9	0,883	1,383	1,833	2,262	2,821	3,250
10	0,879	1,372	1,812	2,228	2,764	3,169
11	0,876	1,363	1,796	2,201	2,718	3,106
12	0,873	1,356	1,782	2,179	2,681	3,055
13	0,870	1,350	1,771	2,160	2,650	3,012
14	0,868	1,345	1,761	2,145	2,624	2,977
15	0,866	1,341	1,753	2,131	2,602	2,947
16	0,865	1,337	1,746	2,120	2,583	2,921
17	0,863	1,333	1,740	2,110	2,567	2,898
18	0,862	1,330	1,734	2,101	2,552	2,878
19	0,861	1,328	1,729	2,093	2,539	2,861
20	0,860	1,325	1,725	2,086	2,528	2,845
21	0,859	1,323	1,721	2,080	2,518	2,831
22	0,858	1,321	1,717	2,074	2,508	2,819
23	0,858	1,319	1,714	2,069	2,500	2,807
24	0,857	1,318	1,711	2,064	2,492	2,797
25	0,856	1,316	1,708	2,060	2,485	2,787
26	0,856	1,315	1,706	2,056	2,479	2,779
27	0,855	1,314	1,703	2,052	2,473	2,771
28	0,855	1,313	1,701	2,048	2,467	2,763
29	0,854	1,311	1,699	2,045	2,462	2,756
30	0,854	1,310	1,697	2,042	2,457	2,750
35	0,852	1,306	1,690	2,030	2,438	2,724
40	0,851	1,303	1,684	2,021	2,423	2,704
60	0,848	1,296	1,671	2,000	2,390	2,660
80	0,846	1,292	1,664	1,990	2,374	2,639
100	0,845	1,290	1,660	1,984	2,365	2,626
∞	0,842	1,282	1,645	1,960	2,326	2,576

Φ – Graus de liberdade

ANEXO C

Distribuição "t" de Student

2.ª Parte — Para teste bilateral — Valores críticos de "t" tais que $P(|t| > t_{\alpha/2}) = \alpha$

Φ \ α	20 %	10 %	5 %	2,5 %	2 %	1 %	0,5 %
1	3,078	6,314	12,706	25,452	31,821	63,657	127,320
2	1,886	2,920	4,303	6,205	6,965	9,925	14,089
3	1,638	2,353	3,182	4,177	4,541	5,841	7,453
4	1,533	2,132	2,776	3,495	3,747	4,604	5,598
5	1,476	2,015	2,571	3,163	3,365	4,032	4,773
6	1,440	1,943	2,447	2,969	3,143	3,707	4,317
7	1,415	1,895	2,365	2,841	2,998	3,499	4,019
8	1,397	1,860	2,306	2,752	2,896	3,355	3,833
9	1,383	1,833	2,262	2,685	2,821	3,250	3,690
10	1,372	1,812	2,228	2,634	2,764	3,169	3,581
11	1,363	1,796	2,201	2,593	2,718	3,106	3,497
12	1,356	1,782	2,179	2,560	2,681	3,055	3,428
13	1,350	1,771	2,160	2,533	2,650	3,012	3,372
14	1,345	1,761	2,145	2,510	2,624	2,977	3,326
15	1,341	1,753	2,131	2,490	2,602	2,947	3,286
16	1,337	1,746	2,120	2,473	2,583	2,921	3,252
17	1,333	1,740	2,110	2,458	2,567	2,898	3,222
18	1,330	1,734	2,101	2,445	2,552	2,878	3,197
19	1,328	1,729	2,093	2,433	2,539	2,861	3,174
20	1,325	1,725	2,086	2,423	2,528	2,845	3,153
21	1,323	1,721	2,080	2,414	2,518	2,831	3,135
22	1,321	1,717	2,074	2,405	2,508	2,819	3,119
23	1,319	1,714	2,069	2,398	2,500	2,807	3,104
24	1,318	1,711	2,064	2,391	2,492	2,797	3,091
25	1,316	1,708	2,060	2,385	2,485	2,787	3,078
26	1,315	1,706	2,056	2,379	2,479	2,779	3,067
27	1,314	1,703	2,052	2,373	2,473	2,771	3,057
28	1,313	1,701	2,048	2,368	2,467	2,763	3,047
29	1,311	1,699	2,045	2,364	2,462	2,756	3,038
30	1,310	1,697	2,042	2,360	2,457	2,750	3,030
35	1,306	1,690	2,030	2,342	2,438	2,724	3,000
40	1,303	1,684	2,021	2,329	2,423	2,704	2,971
60	1,296	1,671	2,000	2,299	2,390	2,660	2,915
80	1,292	1,664	1,990	2,284	2,374	2,639	2,887
100	1,290	1,660	1,984	2,276	2,364	2,626	2,871
∞	1,282	1,645	1,960	2,241	2,326	2,576	2,807

Φ – Graus de liberdade

ANEXO D

Distribuição F de Snedecor
1.ª Parte: α = 10%

Φ_2 \ Φ_1	1	2	3	4	5	6	7	8	9	10	12	15	20	24	30	40	60	120	∞
1	39,86	49,50	53,59	55,83	57,24	58,20	58,91	59,44	59,86	60,19	60,71	61,22	61,74	62,00	62,26	62,53	62,79	63,06	63,33
2	8,53	9,00	9,16	9,24	9,29	9,33	9,35	9,37	9,38	9,39	9,41	9,42	9,44	9,45	9,46	9,47	9,47	9,48	9,49
3	5,54	5,46	5,39	5,34	5,31	5,28	5,27	5,25	5,24	5,23	5,22	5,20	5,18	5,18	5,17	5,16	5,15	5,14	5,13
4	4,54	4,32	4,19	4,11	4,05	4,01	3,98	3,95	3,94	3,92	3,90	3,87	3,84	3,83	3,82	3,80	3,79	3,78	3,76
5	4,06	3,78	3,62	3,52	3,45	3,40	3,37	3,34	3,32	3,30	3,27	3,24	3,21	3,19	3,17	3,16	3,14	3,12	3,10
6	3,78	3,46	3,29	3,18	3,11	3,05	3,01	2,98	2,96	2,94	2,90	2,87	2,84	2,82	2,80	2,78	2,76	2,74	2,72
7	3,59	3,26	3,07	2,96	2,88	2,83	2,78	2,75	2,72	2,70	2,67	2,63	2,59	2,58	2,56	2,54	2,51	2,49	2,47
8	3,46	3,11	2,92	2,81	2,73	2,67	2,62	2,59	2,56	2,54	2,50	2,46	2,42	2,40	2,38	2,36	2,34	2,32	2,29
9	3,36	3,01	2,81	2,69	2,61	2,55	2,51	2,47	2,44	2,42	2,38	2,34	2,30	2,28	2,25	2,23	2,21	2,18	2,16
10	3,29	2,92	2,73	2,61	2,52	2,46	2,41	2,38	2,35	2,32	2,28	2,24	2,20	2,18	2,16	2,13	2,11	2,08	2,06
11	3,23	2,86	2,66	2,54	2,45	2,39	2,34	2,30	2,27	2,25	2,21	2,17	2,12	2,10	2,08	2,05	2,03	2,00	1,97
12	3,18	2,81	2,61	2,48	2,39	2,33	2,28	2,24	2,21	2,19	2,15	2,10	2,06	2,04	2,01	1,99	1,96	1,93	1,90
13	3,14	2,76	2,56	2,43	2,35	2,28	2,23	2,20	2,16	2,14	2,10	2,05	2,01	1,98	1,96	1,93	1,90	1,88	1,85
14	3,10	2,73	2,52	2,39	2,31	2,24	2,19	2,15	2,12	2,10	2,05	2,01	1,96	1,94	1,91	1,89	1,86	1,83	1,80
15	3,07	2,70	2,49	2,36	2,27	2,21	2,16	2,12	2,09	2,06	2,02	1,97	1,92	1,90	1,87	1,85	1,82	1,79	1,76
16	3,05	2,67	2,46	2,33	2,24	2,18	2,13	2,09	2,06	2,03	1,99	1,94	1,89	1,87	1,84	1,81	1,78	1,75	1,72
17	3,03	2,64	2,44	2,31	2,22	2,15	2,10	2,06	2,03	2,00	1,96	1,91	1,86	1,84	1,81	1,78	1,75	1,72	1,69
18	3,01	2,62	2,42	2,29	2,20	2,13	2,08	2,04	2,00	1,98	1,93	1,89	1,84	1,81	1,78	1,75	1,72	1,69	1,66
19	2,99	2,61	2,40	2,27	2,18	2,11	2,06	2,02	1,98	1,96	1,91	1,86	1,81	1,79	1,76	1,73	1,70	1,67	1,63
20	2,97	2,59	2,38	2,25	2,16	2,09	2,04	2,00	1,96	1,94	1,89	1,84	1,79	1,77	1,74	1,71	1,68	1,64	1,61
21	2,96	2,57	2,36	2,23	2,14	2,08	2,02	1,98	1,95	1,92	1,87	1,83	1,78	1,75	1,72	1,69	1,66	1,62	1,59
22	2,95	2,56	2,35	2,22	2,13	2,06	2,01	1,97	1,93	1,90	1,86	1,81	1,76	1,73	1,70	1,67	1,64	1,60	1,57
23	2,94	2,55	2,34	2,21	2,11	2,05	1,99	1,95	1,92	1,89	1,84	1,80	1,74	1,72	1,69	1,66	1,62	1,59	1,55
24	2,93	2,54	2,33	2,19	2,10	2,04	1,98	1,94	1,91	1,88	1,83	1,78	1,73	1,70	1,67	1,64	1,61	1,57	1,53
25	2,92	2,53	2,32	2,18	2,09	2,02	1,97	1,93	1,89	1,87	1,82	1,77	1,72	1,69	1,66	1,63	1,59	1,56	1,52
26	2,91	2,52	2,31	2,17	2,08	2,01	1,96	1,92	1,88	1,86	1,81	1,76	1,71	1,68	1,65	1,61	1,58	1,54	1,50
27	2,90	2,51	2,30	2,17	2,07	2,00	1,95	1,91	1,87	1,85	1,80	1,75	1,70	1,67	1,64	1,60	1,57	1,53	1,49
28	2,89	2,50	2,29	2,16	2,06	2,00	1,94	1,90	1,87	1,84	1,79	1,74	1,69	1,66	1,63	1,59	1,56	1,52	1,48
29	2,89	2,50	2,28	2,15	2,06	1,99	1,93	1,89	1,86	1,83	1,78	1,73	1,68	1,65	1,62	1,58	1,55	1,51	1,47
30	2,88	2,49	2,28	2,14	2,03	1,98	1,93	1,88	1,85	1,82	1,77	1,72	1,67	1,64	1,61	1,57	1,54	1,50	1,46
40	2,84	2,44	2,23	2,09	2,00	1,93	1,87	1,83	1,79	1,76	1,71	1,66	1,61	1,57	1,54	1,51	1,47	1,42	1,38
60	2,79	2,39	2,18	2,04	1,95	1,87	1,82	1,77	1,74	1,71	1,66	1,60	1,54	1,51	1,48	1,44	1,40	1,35	1,29
120	2,75	2,35	2,13	1,99	1,90	1,82	1,77	1,72	1,68	1,65	1,60	1,55	1,48	1,45	1,41	1,37	1,32	1,26	1,19
∞	2,71	2,30	2,08	1,94	1,85	1,77	1,72	1,67	1,63	1,60	1,55	1,49	1,42	1,38	1,34	1,30	1,24	1,17	1,00

Φ_1 – Graus de liberdade do numerador; Φ_2 – Graus de liberdade do denominador

ANEXO D

Distribuição F de Snedecor
2.ª Parte: $\alpha = 5\%$

$\Phi_2 \backslash \Phi_1$	1	2	3	4	5	6	7	8	9	10	12	15	20	24	30	40	60	120	∞
1	161,4	199,5	215,7	224,6	230,2	234,0	236,8	238,9	240,5	241,9	243,9	245,9	248,0	249,1	250,1	251,1	252,2	253,3	254,3
2	18,51	19,00	19,16	19,25	19,30	19,33	19,35	19,37	19,38	19,40	19,41	19,43	19,45	19,45	19,46	19,47	19,48	19,49	19,50
3	10,13	9,55	9,28	9,12	9,01	8,94	8,89	8,85	8,81	8,79	8,74	8,70	8,66	8,64	8,62	8,59	8,57	8,55	8,53
4	7,71	6,94	6,59	6,39	6,26	6,16	6,09	6,04	6,00	5,96	5,91	5,86	5,80	5,77	5,75	5,72	5,69	5,66	5,63
5	6,61	5,79	5,41	5,19	5,05	4,95	4,88	4,82	4,77	4,74	4,68	4,62	4,56	4,53	4,50	4,46	4,43	4,40	4,36
6	5,99	5,14	4,76	4,53	4,39	4,28	4,21	4,15	4,10	4,06	4,00	3,94	3,87	3,84	3,81	3,77	3,74	3,70	3,67
7	5,59	4,74	4,35	4,12	3,97	3,87	3,79	3,73	3,68	3,64	3,57	3,51	3,44	3,41	3,38	3,34	3,30	3,27	3,23
8	5,32	4,46	4,07	3,84	3,69	3,58	3,50	3,44	3,39	3,35	3,28	3,22	3,15	3,12	3,08	3,04	3,01	2,97	2,93
9	5,12	4,26	3,86	3,63	3,48	3,37	3,29	3,23	3,18	3,14	3,07	3,01	2,94	2,90	2,86	2,83	2,79	2,75	2,71
10	4,96	4,10	3,71	3,48	3,33	3,22	3,14	3,07	3,02	2,98	2,91	2,85	2,77	2,74	2,70	2,66	2,62	2,58	2,54
11	4,84	3,98	3,59	3,36	3,20	3,09	3,01	2,95	2,90	2,85	2,79	2,72	2,65	2,61	2,57	2,53	2,49	2,45	2,40
12	4,75	3,89	3,49	3,26	3,11	3,00	2,91	2,85	2,80	2,75	2,69	2,62	2,54	2,51	2,47	2,43	2,38	2,34	2,30
13	4,67	3,81	3,41	3,18	3,03	2,92	2,83	2,77	2,71	2,67	2,60	2,53	2,46	2,42	2,38	2,34	2,30	2,25	2,21
14	4,60	3,74	3,34	3,11	2,96	2,85	2,76	2,70	2,65	2,60	2,53	2,46	2,39	2,35	2,31	2,27	2,22	2,18	2,13
15	4,54	3,68	3,29	3,06	2,90	2,79	2,71	2,64	2,59	2,54	2,48	2,40	2,33	2,29	2,25	2,20	2,16	2,11	2,07
16	4,49	3,63	3,24	3,01	2,85	2,74	2,66	2,59	2,54	2,49	2,42	2,35	2,28	2,24	2,19	2,15	2,11	2,06	2,01
17	4,45	3,59	3,20	2,96	2,81	2,70	2,61	2,55	2,49	2,45	2,38	2,31	2,23	2,19	2,15	2,10	2,06	2,01	1,96
18	4,41	3,55	3,16	2,93	2,77	2,66	2,58	2,51	2,46	2,41	2,34	2,27	2,19	2,15	2,11	2,06	2,02	1,97	1,92
19	4,38	3,52	3,13	2,90	2,74	2,63	2,54	2,48	2,42	2,38	2,31	2,23	2,16	2,11	2,07	2,03	1,98	1,93	1,88
20	4,35	3,49	3,10	2,87	2,71	2,60	2,51	2,45	2,39	2,35	2,28	2,20	2,12	2,08	2,04	1,99	1,95	1,90	1,84
21	4,32	3,47	3,07	2,84	2,68	2,57	2,49	2,42	2,37	2,32	2,25	2,18	2,10	2,05	2,01	1,96	1,92	1,87	1,81
22	4,30	3,44	3,05	2,82	2,66	2,55	2,46	2,40	2,34	2,30	2,23	2,15	2,07	2,03	1,98	1,94	1,89	1,84	1,78
23	4,28	3,42	3,03	2,80	2,64	2,53	2,44	2,37	2,32	2,27	2,20	2,13	2,05	2,01	1,96	1,91	1,86	1,81	1,76
24	4,26	3,40	3,01	2,78	2,62	2,51	2,42	2,36	2,30	2,25	2,18	2,11	2,03	1,98	1,94	1,89	1,84	1,79	1,73
25	4,24	3,39	2,99	2,76	2,60	2,49	2,40	2,34	2,28	2,24	2,16	2,09	2,01	1,96	1,92	1,87	1,82	1,77	1,71
26	4,23	3,37	2,98	2,74	2,59	2,47	2,39	2,32	2,27	2,22	2,15	2,07	1,99	1,95	1,90	1,85	1,80	1,75	1,69
27	4,21	3,35	2,96	2,73	2,57	2,46	2,37	2,31	2,25	2,20	2,13	2,06	1,97	1,93	1,88	1,84	1,79	1,73	1,67
28	4,20	3,34	2,95	2,71	2,56	2,45	2,36	2,29	2,24	2,19	2,12	2,04	1,96	1,91	1,87	1,82	1,77	1,71	1,65
29	4,18	3,33	2,93	2,70	2,55	2,43	2,35	2,28	2,22	2,18	2,10	2,03	1,94	1,90	1,85	1,81	1,75	1,70	1,64
30	4,17	3,32	2,92	2,69	2,53	2,42	2,33	2,27	2,21	2,16	2,09	2,01	1,93	1,89	1,84	1,79	1,74	1,68	1,62
40	4,08	3,23	2,84	2,61	2,45	2,34	2,25	2,18	2,12	2,08	2,00	1,92	1,84	1,79	1,74	1,69	1,64	1,58	1,51
60	4,00	3,15	2,76	2,53	2,37	2,25	2,17	2,10	2,04	1,99	1,92	1,84	1,75	1,70	1,65	1,59	1,53	1,47	1,39
120	3,92	3,07	2,68	2,45	2,29	2,17	2,09	2,02	1,96	1,91	1,83	1,75	1,66	1,61	1,55	1,55	1,43	1,35	1,25
∞	3,84	3,00	2,60	2,37	2,21	2,10	2,01	1,94	1,88	1,83	1,75	1,67	1,57	1,52	1,46	1,39	1,32	1,22	1,00

Φ_1 – Graus de liberdade do numerador; Φ_2 – Graus de liberdade do denominador

ANEXO D

Distribuição F de Snedecor
3.ª Parte: $\alpha = 2,5\%$

$\Phi_2 \backslash \Phi_1$	1	2	3	4	5	6	7	8	9	10	12	15	20	24	30	40	60	120	∞
1	647,8	799,5	864,2	899,6	921,8	937,1	948,2	956,7	963,3	968,6	976,7	984,9	993,1	997,2	1001	1006	1010	1014	1018
2	38,51	39,00	39,17	39,25	39,30	39,33	39,36	39,37	39,39	39,40	39,41	39,43	39,45	39,46	39,46	39,47	39,48	39,49	39,50
3	17,44	16,04	15,44	15,10	14,88	14,73	14,62	14,54	14,47	14,42	14,34	14,25	14,17	14,12	14,08	14,04	13,99	13,95	13,90
4	12,22	10,65	9,98	9,60	9,36	9,20	9,07	8,98	8,90	8,84	8,75	8,66	8,56	8,51	9,46	8,41	8,36	8,31	8,26
5	10,01	8,43	7,76	7,39	7,15	6,98	6,85	6,76	6,68	6,62	6,52	6,43	6,33	6,28	6,23	6,18	6,12	6,07	6,02
6	8,81	7,26	6,60	6,23	5,99	5,82	5,70	5,60	5,52	5,46	5,37	5,27	5,17	5,12	5,07	5,01	4,96	4,90	4,85
7	8,07	6,54	5,89	5,52	5,29	5,12	4,99	4,90	4,82	4,76	4,67	4,57	4,47	4,42	4,36	4,31	4,25	4,20	4,14
8	7,57	6,06	5,42	5,05	4,82	4,65	4,53	4,43	4,36	4,30	4,20	4,10	4,00	3,95	3,89	3,84	3,78	3,73	3,67
9	7,21	5,71	5,08	4,72	4,48	4,32	4,20	4,10	4,03	3,96	3,87	3,77	3,67	3,61	3,56	3,51	3,45	3,39	3,33
10	6,94	5,46	4,83	4,47	4,24	4,07	3,95	3,85	3,78	3,72	3,62	3,52	3,42	3,37	3,31	3,26	3,20	3,14	3,08
11	6,72	5,26	4,63	4,28	4,04	3,88	3,76	3,66	3,59	3,53	3,43	3,33	3,23	3,17	3,12	3,06	3,00	2,94	2,88
12	6,55	5,10	4,47	4,12	3,89	3,73	3,61	3,51	3,44	3,37	3,28	3,18	3,07	3,02	2,96	2,91	2,85	2,79	2,72
13	6,41	4,97	4,35	4,00	3,77	3,60	3,48	3,39	3,31	3,25	3,15	3,05	2,95	2,89	2,84	2,78	2,72	2,66	2,60
14	6,30	4,86	4,24	3,89	3,66	3,50	3,38	3,29	3,21	3,15	3,05	2,95	2,84	2,79	2,73	2,67	2,61	2,55	2,49
15	6,20	4,77	4,15	3,80	3,58	3,41	3,29	3,20	3,12	3,06	2,96	2,86	2,76	2,70	2,64	2,59	2,52	2,46	2,40
16	6,12	4,69	4,08	3,73	3,50	3,34	3,22	3,12	3,05	2,99	2,89	2,79	2,68	2,63	2,57	2,51	2,45	2,38	2,32
17	6,04	4,62	4,01	3,66	3,44	3,28	3,16	3,06	2,98	2,92	2,82	2,72	2,62	2,56	2,50	2,44	2,38	2,32	2,25
18	5,98	4,56	3,95	3,61	3,38	3,22	3,10	3,01	2,93	2,87	2,77	2,67	2,56	2,50	2,44	2,38	2,32	2,26	2,19
19	5,92	4,51	3,90	3,56	3,33	3,17	3,05	2,96	2,88	2,82	2,72	2,62	2,51	2,45	2,39	2,33	2,27	2,20	2,13
20	5,87	4,46	3,86	3,51	3,29	3,13	3,01	2,91	2,84	2,77	2,68	2,57	2,46	2,41	2,35	2,29	2,22	2,16	2,09
21	5,83	4,42	3,82	3,48	3,25	3,09	2,97	2,87	2,80	2,73	2,64	2,53	2,42	2,37	2,31	2,25	2,18	2,11	2,04
22	5,79	4,38	3,78	3,44	3,22	3,05	2,93	2,84	2,76	2,70	2,60	2,50	2,39	2,33	2,27	2,21	2,14	2,08	2,00
23	5,75	4,35	3,75	3,41	3,18	3,02	2,90	2,81	2,73	2,67	2,57	2,47	2,36	2,30	2,24	2,18	2,11	2,04	1,97
24	5,72	4,32	3,72	3,38	3,15	2,99	2,87	2,78	2,70	2,64	2,54	2,44	2,33	2,27	2,21	2,15	2,08	2,01	1,94
25	5,69	4,29	3,69	3,35	3,13	2,97	2,85	2,75	2,68	2,61	2,51	2,41	2,30	2,24	2,18	2,12	2,05	1,98	1,91
26	5,66	4,27	3,67	3,33	3,10	2,94	2,82	2,73	2,65	2,59	2,49	2,39	2,28	2,22	2,16	2,09	2,03	1,95	1,88
27	5,63	4,24	3,65	3,31	3,08	2,92	2,80	2,71	2,63	2,57	2,47	2,36	2,25	2,19	2,13	2,07	2,00	1,93	1,85
28	5,61	4,22	3,63	3,29	3,06	2,90	2,78	2,69	2,61	2,55	2,45	2,34	2,23	2,17	2,11	2,05	1,98	1,91	1,83
29	5,59	4,20	1,61	3,27	3,04	2,88	2,76	2,67	2,59	2,53	2,43	2,32	2,21	2,15	2,09	2,03	1,96	1,89	1,81
30	5,57	4,18	3,59	3,25	3,03	2,87	2,75	2,65	2,57	2,51	2,41	2,31	2,20	2,14	2,07	2,01	1,94	1,87	1,79
40	5,42	4,05	3,46	3,13	2,90	2,74	2,62	2,53	2,45	2,39	2,29	2,18	2,07	2,01	1,94	1,88	1,80	1,72	1,64
60	5,29	3,93	3,34	3,01	2,79	2,63	2,51	2,41	2,33	2,27	2,17	2,06	1,94	1,88	1,82	1,74	1,67	1,58	1,48
120	5,15	3,80	3,23	2,89	2,67	2,52	2,39	2,30	2,22	2,16	2,05	1,94	1,82	1,76	1,69	1,61	1,53	1,43	1,31
∞	5,02	3,69	3,12	2,79	2,57	2,41	2,29	2,19	2,11	2,05	1,94	1,83	1,71	1,64	1,57	1,48	1,39	1,27	1,00

Φ_1 – Graus de liberdade do numerador; Φ_2 – Graus de liberdade do denominador

ANEXO D

Distribuição F de Snedecor
4.ª Parte: $\alpha = 1\%$

$\Phi_2 \backslash \Phi_1$	1	2	3	4	5	6	7	8	9	10	12	15	20	24	30	40	60	120	∞
1	4052,0	4999,5	5403,0	5625,0	5764,0	5859,0	5928,0	5982,0	6022,0	6056,0	6106,0	6157,0	6209,0	6235,0	6261,0	6287,0	6313,0	6339,0	6366,0
2	98,50	99,00	99,17	99,25	99,30	99,33	99,36	99,37	99,39	99,40	99,42	99,43	99,45	99,46	99,47	99,47	99,48	99,49	99,50
3	34,12	30,82	29,46	28,71	28,24	27,91	27,67	27,49	27,35	27,23	27,05	26,87	26,69	26,00	26,50	26,41	26,32	26,22	26,13
4	21,20	18,00	16,69	15,98	15,52	15,21	14,98	14,80	14,66	14,55	14,37	14,20	14,02	13,93	13,84	13,75	13,65	13,56	13,46
5	16,26	13,27	12,06	11,39	10,97	10,67	10,46	10,29	10,16	10,05	9,89	9,72	9,55	9,47	9,38	9,29	9,20	9,11	9,02
6	13,75	10,92	9,78	9,15	8,75	8,47	8,26	8,10	7,98	7,87	7,72	7,56	7,40	7,31	7,23	7,14	7,06	6,97	6,88
7	12,25	9,55	8,45	7,85	7,46	7,19	6,99	6,84	6,72	6,62	6,47	6,31	6,16	6,07	5,99	5,91	5,82	5,74	5,65
8	11,26	8,65	7,59	7,01	6,63	6,37	6,18	6,03	5,91	5,81	5,67	5,52	5,36	5,28	5,20	5,12	5,03	4,95	4,86
9	10,56	8,02	6,99	6,42	6,06	5,80	5,61	5,47	5,35	5,26	5,11	4,96	4,81	4,73	4,65	4,57	4,48	4,40	4,31
10	10,04	7,56	6,55	5,99	5,64	5,39	5,20	5,06	4,94	4,85	4,71	4,56	4,41	4,33	4,25	4,17	4,08	4,00	3,91
11	9,65	7,21	6,22	5,67	5,32	5,07	4,89	4,74	4,63	4,54	4,40	4,25	4,10	4,02	3,94	3,86	3,78	3,69	3,60
12	9,33	6,93	5,95	5,41	5,06	4,82	4,64	4,50	4,39	4,30	4,16	4,01	3,86	3,78	3,70	3,62	3,54	3,45	3,36
13	9,07	6,70	5,74	5,21	4,86	4,62	4,44	4,30	4,19	4,10	3,96	3,82	3,66	3,59	3,51	3,43	3,34	3,25	3,17
14	8,86	6,51	5,56	5,04	4,69	4,46	4,28	4,14	4,03	3,94	3,80	3,66	3,51	3,43	3,35	3,27	3,18	3,09	3,00
15	8,68	6,36	5,42	4,89	4,36	4,32	4,14	4,00	3,89	3,80	3,67	3,52	3,37	3,29	3,21	3,13	3,05	2,96	2,87
16	8,53	6,23	5,29	4,77	4,44	4,20	4,03	3,89	3,78	3,69	3,55	3,41	3,26	3,18	3,10	3,02	2,93	2,84	2,75
17	8,40	6,11	5,18	4,67	4,34	4,10	3,93	3,79	3,68	3,59	3,46	3,31	3,16	3,08	3,00	2,92	2,83	2,75	2,65
18	8,29	6,01	5,09	4,58	4,25	4,01	3,84	3,71	3,60	3,51	3,37	3,23	3,08	3,00	2,92	2,84	2,75	2,66	2,57
19	8,18	5,93	5,01	4,50	4,17	3,94	3,77	3,63	3,52	3,43	3,30	3,15	3,00	2,92	2,84	2,76	2,67	2,58	2,49
20	8,10	5,85	4,94	4,43	4,10	3,87	3,70	3,56	3,46	3,37	3,23	3,09	2,94	2,86	2,78	2,69	2,61	2,52	2,42
21	8,02	5,78	4,87	4,37	4,04	3,81	3,64	3,51	3,40	3,31	3,17	3,03	2,88	2,80	2,72	2,64	2,55	2,46	2,36
22	7,95	5,72	4,82	4,31	3,99	3,76	3,59	3,45	3,35	3,26	3,12	2,98	2,83	2,75	2,67	2,58	2,50	2,40	2,31
23	7,88	5,66	4,76	4,26	3,94	3,71	3,54	3,41	3,30	3,21	3,07	2,93	2,78	2,70	2,62	2,54	2,45	2,35	2,26
24	7,82	5,61	4,72	4,22	3,90	3,67	3,50	3,36	3,26	3,17	3,03	2,89	2,74	2,66	2,58	2,49	2,40	2,31	2,21
25	7,77	5,57	4,68	4,18	3,85	3,63	3,46	3,32	3,22	3,13	2,99	2,85	2,70	2,62	2,54	2,45	2,36	2,27	2,17
26	7,72	5,53	4,64	4,14	3,82	3,59	3,42	3,29	3,18	3,09	2,96	2,81	2,66	2,58	2,50	2,42	2,33	2,23	2,13
27	7,68	5,49	4,60	4,11	3,78	3,56	3,39	3,26	3,15	3,06	2,93	2,78	2,63	2,55	2,47	2,38	2,29	2,20	2,10
28	7,64	5,45	4,57	4,07	3,75	3,53	3,36	3,23	3,12	3,03	2,90	2,75	2,60	2,52	2,44	2,35	2,26	2,17	2,06
29	7,60	5,42	4,54	4,04	3,73	3,50	3,33	3,20	3,09	3,00	2,87	2,73	2,57	2,49	2,41	2,33	2,23	2,14	2,03
30	7,56	5,39	4,51	4,02	3,70	3,47	3,30	3,17	3,07	2,98	2,84	2,70	2,55	2,47	2,39	2,30	2,21	2,11	2,01
40	7,31	5,18	4,31	3,83	3,51	3,29	3,12	2,99	2,89	2,80	2,66	2,52	2,37	2,29	2,20	2,11	2,02	1,92	1,80
60	7,08	4,98	4,13	3,65	3,34	3,12	2,95	2,82	2,72	2,63	2,50	2,35	2,20	2,12	2,03	1,94	1,84	1,73	1,60
120	6,85	4,79	3,95	3,48	3,17	2,96	2,79	2,66	2,56	2,47	2,34	2,19	2,03	1,95	1,86	1,76	1,66	1,53	1,38
∞	6,63	4,61	3,78	3,32	3,02	2,80	2,64	2,51	2,41	2,32	2,18	2,04	1,88	1,79	1,70	1,59	1,47	1,32	1,00

Φ_1 – Graus de liberdade do numerador; Φ_2 – Graus de liberdade do denominador

ANEXO E

MÉTODO DE DUNCAN
COEFICIENTES PARA O CÁLCULO DE AMPLITUDES SIGNIFICATIVAS
$r_{(\alpha;\,p;\,f)}$

1.ª Parte: $\alpha = 1\%$

f \ p	2	3	4	5	6	7	8	9	10	20
1	90,00	90,00	90,00	90,00	90,00	90,00	90,00	90,00	90,00	90,00
2	14,00	14,00	14,00	14,00	14,00	14,00	14,00	14,00	14,00	14,00
3	8.26	8,50	8,60	8,70	8,80	8,90	8,90	9,00	9,00	9,30
4	6,51	6,80	6,90	7,00	7,10	7,10	7,20	7,20	7,30	7,50
5	5,70	5,96	6,11	6,18	6,26	6,33	6,40	6,44	6,50	6,80
6	5,24	5,51	5,65	5,73	5,81	5,88	5,95	6,00	6,00	6,30
7	4,95	5,22	5,37	5,45	5,53	5,61	5,69	5,73	5,80	6,00
8	4,74	5,00	5,14	5,23	5,32	5,40	5,47	5,51	5,50	5,80
9	4,60	4,86	4,99	5,08	5,17	5,25	5,32	5,36	5,40	5,70
10	4,48	4,73	4,88	4,96	5,06	5,13	5,20	5,24	5,28	5,55
11	4,39	4,63	4,77	4,86	4,94	5,01	5,06	5,12	5,15	5,39
12	4,32	4,55	4,68	4,76	4,84	4,92	4,96	5,02	5,07	5,26
13	4,26	4,48	4,62	4,69	4,74	4,84	4,88	4,94	4,98	5,15
14	4,21	4,42	4,55	4,63	4,70	4,78	4,83	4,87	4,91	5,07
15	4,17	4,37	4,50	4,58	4,64	4,72	4,77	4,81	4,84	5,00
16	4,13	4,34	4,45	4,54	4,60	4,67	4,72	4,76	4,79	4,94
17	4,10	4,30	4,41	4,50	4,56	4,63	4,68	4,73	4,75	4,89
18	4,07	4,27	4,38	4,46	4,53	4,59	4,64	4,68	4,71	4,85
19	4,05	4,24	4,35	4,43	4,50	4,56	4,61	4,64	4,67	4,82
20	4,02	4,22	4,33	4,40	4,47	4,53	4,58	4,61	4,65	4,79
30	3,89	4,06	4,16	4,22	4,32	4,36	4,41	4,45	4,48	4,65
40	3,82	3,99	4,10	4,17	4,24	4,30	4,34	4,37	4,41	4,59
60	3,76	3,92	4,03	4,12	4,17	4,23	4,27	4,31	4,34	4,53
100	3,71	3,86	3,98	4,06	4,11	4,17	4,21	4,25	4,29	4,48
∞	3,64	3,80	3,90	3,98	4,04	4,09	4,14	4,17	4,20	4,41

α – Nível de significância do experimento
p – Número de valores internos à comparação, incluindo os extremos
f – Graus de liberdade do erro residual
Nota: Valores extraidos de Montgomery, D. C. (Ref. 1)

ANEXO E

MÉTODO DE DUNCAN
COEFICIENTES PARA O CÁLCULO DE AMPLITUDES SIGNIFICATIVAS

$r_{(\alpha;\, p;\, f)}$

2.ª Parte: $\alpha = 5\%$

f \ p	2	3	4	5	6	7	8	9	10	20
1	18,00	18,00	18,00	18,00	18,00	18,00	18,00	18,00	18,00	18,00
2	6,09	6,09	6,09	6,09	6,09	6,09	6,09	6,09	6,09	6,09
3	4,50	4,50	4,50	4,50	4,50	4,50	4,50	4,50	4,50	4,50
4	3,93	4,01	4,02	4,02	4,02	4,02	4,02	4,02	4,02	4,02
5	3,64	3,74	3,79	3,83	3,83	3,83	3,83	3,83	3,83	3,83
6	3,46	3,58	3,64	3,68	3,68	3,68	3,68	3,68	3,68	3,68
7	3,35	3,47	3,54	3,58	3,60	3,61	3,61	3,61	3,61	3,61
8	3,26	3,39	3,47	3,52	3,55	3,56	3,56	3,56	3,56	3,56
9	3,20	3,34	3,41	3,47	3,50	3,52	3,52	3,52	3,52	3,52
10	3,15	3,30	3,37	3,43	3,46	3,47	3,47	3,47	3,47	3,48
11	3,11	3,27	3,35	3,39	3,43	3,44	3,45	3,46	3,46	3,48
12	3,08	3,23	3,33	3,36	3,40	3,42	3,44	3,44	3,46	3,48
13	3,06	3,21	3,30	3,35	3,38	3,41	3,42	3,44	3,45	3,47
14	3,03	3,18	3,27	3,33	3,37	3,39	3,41	3,42	3,44	3,47
15	3,01	3,16	3,25	3,31	3,36	3,38	3,40	3,42	3,43	3,47
16	3,00	3,15	3,23	3,30	3,34	3,37	3,39	3,41	3,43	3,47
17	2,98	3,13	3,22	3,28	3,33	3,36	3,38	3,40	3,42	3,47
18	2,97	3,12	3,21	3,27	3,32	3,35	3,37	3,39	3,41	3,47
19	2,96	3,11	3,19	3,26	3,31	3,35	3,37	3,39	3,41	3,47
20	2,95	3,10	3,18	3,25	3,30	3,34	3,36	3,38	3,40	3,47
30	2,89	3,04	3,12	3,20	3,25	3,29	3,32	3,35	3,37	3,47
40	2,86	3,01	3,10	3,17	3,22	3,27	3,30	3,33	3,35	3,47
60	2,83	2,98	3,08	3,14	3,20	3,24	3,28	3,31	3,33	3,47
100	2,80	2,95	3,05	3,12	3,18	3,22	3,26	3,29	3,32	3,47
∞	2,77	2,92	3,02	3,09	3,15	3,19	3,23	3,26	3,29	3,47

α – Nível de significância do experimento
p – Número de valores internos à comparação, incluindo os extremos
f – Graus de liberdade do erro residual
Nota: Valores extraidos de Montgomery, D. C. (Ref. 1)

REFERÊNCIAS

1) Montgomery, Douglas C. *Design and analysis of experiments*, John Wiley and Sons, USA, 1991.

2) Juran, J. M e Gryna, F. M. *Jurans's Quality control handbook*, 4.ª ed., McGraw-Hill Book Company, USA, 1988.

3) Camargo Jr., Alceu Salles. *Estatística avançada para engenharia da qualidade*. Apostila do Programa de Educação Continuada em Engenharia da Escola Politécnica da USP, São Paulo, 1996.

4) Werkema, M. C. C. e Aguiar, Sílvio. *TCQ - Gestão pela qualidade total* – Série ferramentas da qualidade – Planejamento e análise de experimentos: Como identificar as principais variáveis influentes em um processo, Fundação Christiano Ottoni, Escola de Engenharia da UFMG, 1996.

5) Guerra, Amauri J. e Donaire, D. *Estatística indutiva* – Teoria e aplicações, Livraria Ciência e Tecnologia Editora, São Paulo, 1986.

6) Bussab, W. O. *Análise de variância e de regressão*, São Paulo, Atual, 1988.

7) Costa Neto, P. L. O. *Estatística*, São Paulo, Blucher, 1977.

8) Drumond, F. B.; Werkema, M. C. C. e Aguiar, S. *Análise de variância: comparação de várias situações*, Fundação Christiano Ottoni, Escola de Engenharia da UFMG, 1996.

9) Juran, J. M.; Gryna Jr., F. M. e Bingham Jr., R. S. *Quality control handbook*, third edition, McGraw Hill Inc, 1979.

10) Mason, R. L.; Gunst, R. F. e Hess, J. L. *Statistical design and analysis of experiments*, John Wiley & Sons, 1989.

11) Mead, R. *The design of experiments*, Cambridge University Press, 1994.

12) Mendenhall, W. e Sincich, T. *Statistics for engineers and the sciences*, Prentice-Hall International, 1995.

13) Montgomery, D. C. e Runger, G. C. *Applied statistics and probability for engineers*, John Wiley & Sons, 1994.

14) Lipson, C. e Sheth, N. J. *Statistical design and analysis of engineering experiments*, McGraw Hill Kogakusha, 1973.

GRÁFICA PAYM
Tel. [11] 4392-3344
paym@graficapaym.com.br